2019年新时代农家百科历书

主　编　赵双锁　高艳华　朱建明

河南科学技术出版社
·郑州·

图书在版编目（CIP）数据

2019年新时代农家百科历书 / 赵双锁，高艳华，朱建明主编. —郑州：河南科学技术出版社，2018.9

ISBN 978-7-5349-9345-9

Ⅰ. ①2… Ⅱ. ①赵…②高 …③朱… Ⅲ. ①历书－中国－2019②农业科学－基本知识 Ⅳ. ①P195.2②S

中国版本图书馆CIP数据核字(2018)第190138号

出 版发行：河南科学技术出版社

地址：郑州市经五路66号　邮编：450002

电话：（0371）65737028 65788613

网址：www.hnstp.cn

策划编辑：周本庆

责任编辑：周本庆

责任校对：司丽艳

装帧设计：张　伟　杨红科

责任印制：张　巍

印　　刷：洛阳和众印刷有限公司

经　　销：全国新华书店

幅面尺寸：890 mm × 1 240 mm　1/32　印张：7.75　字数：210千字

版　　次：2018年9 月第 1 版　2018年 9 月第1次印刷

定　　价：29.50 元

内容提要

本百科历书内容包括历书和农家常识两部分。历书部分包括阳历、农历、星期、天干地支、二十八宿、重要节日、二十四节气、上下弦、朔、望、九九、三伏、入梅、出梅等。农家常识共分四部分：第一部分“农村篇”，包括乡村振兴战略、强农惠农政策（包括财政重点强农惠农政策、农村教育补贴政策、基本医疗保险政策、基本养老保险政策、农村土地政策等）、传统节日习俗等；第二部分“农民篇”，包括新型职业农民、社会主义核心价值观、农民权益保护、农家常识、文明风尚、健康生活等；第三部分“农业篇”，包括农业新品种、农作物栽培技术月历、果树栽培技术月历、蔬菜栽培技术月历、新型农业机械等；第四部分“娱乐篇”，包括农业谜语、农业成语与歇后语、农业对联、脑筋急转弯、农业谚语等。适合广大农民、农村干部和农业技术人员阅读。

《2019年新时代农家百科历书》编写人员

主　编：赵双锁　高艳华　朱建明

副主编：张永民　张　莹　曹鸿玉　高　阳　穆瑞霞

编　者（按姓氏笔画排序）：

文钦辉　史丽兰　仝林涛　吕海霞　朱建明

闫灵玲　孙雪花　杜适普　李　灿　余亚飞

张　玲　张　莹　张永民　张建林　赵双锁

索世虎　高　阳　高艳华　郭　杰　曹鸿玉

戚守登　穆瑞霞

序 言

农村、农民、农业问题，是关系国计民生的根本性问题。大力实施乡村振兴战略，加快推进农业、农村现代化，不断满足农民群众对美好生活的向往，是全党工作的重中之重。习近平总书记高度重视“三农”工作，先后提出了“中国要强农业必须强，中国要美农村必须美，中国要富农民必须富”“小康不小康，关键看老乡”“确保国家粮食安全，把中国人的饭碗牢牢端在自己手中”等重要论述。这些新思想、新理念、新论断，充分体现了习总书记对农业、农村发展的深刻洞察，对农民群众的殷殷情怀。

多年来，各级政府认真贯彻落实党的强农惠农政策，不断加大农业结构调整力度，着力加快农业、农村发展步伐，农村面貌日新月异，农村经济方兴未艾，新品种、新技术、新工艺层出不穷。伴随着经济的发展，“三农”工作发生了深刻变化，农产品供求关系已由总量不足转变为结构性矛盾，农业发展已由增产导向转变为提质导向，城乡关系已由二元结构加快向融合发展转变，农业劳动力供求已由大量富余转变为总量过剩与结构性、区域性短缺并存。这些变化，给“三农”工作提出了新要求，必须建立与之相适应的农村管理及农业技术体系。

为了认真学习贯彻党的十九大精神，切实用习近平新时代中国特色社会主义思想武装头脑、指导实践，我市农牧部门立足全市、站位全局，积极组织科研和农技人员，深入农村、农业生产一线，认真调研、精心提炼，综合编写了《2019年新时代农家百科历书》，重点介绍了乡村振兴战略、强农惠农政策；农业新品种，农作物、果树、蔬菜等栽培技术及配套新型农业机械；农业安全生产、节能环保技术、防灾减灾措施，以及土地承包经营、宅基地使用等农民权益保护政策。该书有政策、有理论、有技术、有文化，内容丰富、通俗易懂，对加强农村道德建设、践行社会主义核心价值观、培育新型职业农民、促进乡风文明、发展现代农业、振兴农村经济等方面，将会起到积极的推动作用。

中共三门峡市委宣传部部长

2018.7.9

前 言

农业是安天下、稳民心的战略产业。党的十八大以来，在以习近平同志为核心的党中央的坚强领导下，农业、农村发展取得了巨大成就，农业生产、农村面貌、农民收入都发生了翻天覆地的变化。党的十九大提出实施乡村振兴战略，开启了加快我国农业、农村现代化的新征程。2018 年 6 月 7 日，国务院批准设立“中国农民丰收节”，这是以习近平同志为核心的党中央始终坚持“三农”重中之重战略定位的深刻体现，有利于进一步彰显“三农”工作的重要地位，有利于提升亿万农民的荣誉感、幸福感、获得感，有利于传承弘扬农耕文明，有利于推动实施乡村振兴战略。

为深入贯彻落实党的十九大精神和中央农村工作精神，强化乡村振兴人才支撑，加快发展现代农业，助推脱贫攻坚，我们组织农业技术专家，在深入农业生产一线和广大农村广泛调研的基础上，根据农业干部知识更新、新型职业农民素质提升、当地产业发展以及农业生产技术需求等，编写了《2019 年新时代农家百科历书》。

本百科历书主要面向农村干部、农业技术人员和广大农民朋友。编写时，一是突出广泛性，内容涉及乡村振兴、农村政策、传统习俗；农作物、果树、蔬菜等新品种、新技术；新型职业农民培育、农民权益保护、农家常识、文明风尚；有关农业的谜语、谚语、成语、歇后语等，以满足多方面的需求。二是突出实用性，省略了概况、理论等内容，直奔主题，语言简单朴实、通俗易懂，使农民朋友看得懂、学得会、用得实。三是突出知识性、科学性，引导农村干部和群众更新观念、更新知识，转变农业生产方式，加快农业转型升级，促进一、二、三产业融合发展。涉及“三农”

的常识和技术内容十分繁多，由于定价的限制，此百科历书中仅收录部分内容，我社计划出版配套图书——《新时代三农知识读本》，供广大农民和农村干部使用。

在编写过程中，得到了有关部门和技术专家的支持、帮助和指导，也学习参考了他们的技术资料和成果，在此一并致谢。

由于编写内容多、任务大、时间紧，加上编者水平有限，书中错漏之处，敬请各位同仁和广大读者批评指正。

编　者
2018年7月

目 录

第一部分 农村篇

第二部分 农民篇

第三部分 农业篇

第四部分 娱乐篇

第一部分 农村篇

§1.1 乡村振兴战略

党的十九大报告提出实施乡村振兴战略，史无前例地把这一战略庄严地写入党章，这是以习近平同志为核心的党中央对“三农”工作做出的一个新的战略部署，是决胜全面建成小康社会、全面建设社会主义现代化国家的重大历史任务，是新时代“三农”工作的总抓手。

2018年中央一号文件《中共中央　国务院关于实施乡村振兴战略的意见》再次聚焦“三农”，对实施乡村振兴战略进行了全面部署，明确了实施乡村振兴战略“三步走”的时间表，提出让农业成为有奔头的产业，让农民成为有吸引力的职业，让农村成为安居乐业的美丽家园。

一、乡村振兴战略提出的时代背景

1. 紧扣新时代我国社会主要矛盾变化　党的十九大报告指出：“中国特色社会主义进入新时代，我国社会主要矛盾已经转化为人民日益增长的美好生活需要和不平衡不充分的发展之间的矛盾。”随着农业、农村发展进入新的阶段，“三农”工作面临的形势正发生深刻变化，农产品供求关系已由总量不足转变为结构性矛盾，农业发展已由增产导向转变为提质导向，科技力量已由主要推动高产转变为带动农业革命性突破和产业格局重大调整，城乡关系已由二元结构向加快融合发展转变，农业劳动力供求已由大量富余转变为总量过剩与结构性、区域性短缺并存。这些变化，给农业、农村发展提出了一系列新的要求。

2. 我国发展不平衡不充分问题在农村表现更为明显和突出　在现代化建设的进程中，农村区域发展依然不平衡；基础设施和公共服务相对落后；

2019年（农历戊戌年）第1周周历

星期	阳历		农历		天干地支	二十八宿	重要节日和纪念日	记事
	月	日	月	日				
一	12月大	31	十一月大	廿五	丁酉	心宿	二九	
二	元月大	1		廿六	戊戌	尾宿	元旦	
三		2		廿七	己亥	箕宿		
四		3		廿八	庚子	斗宿		
五		4		廿九	辛丑	牛宿		
六		5		三十	壬寅	女宿	小寒	
日		6	腊月大	初一	癸卯	虚宿	●朔 中国13亿人口日（2005）	

农村环境和生态问题比较突出；农业投入和农民增收的渠道还不够宽；农民适应生产力发展和市场竞争的能力不足；乡村治理体系和治理能力亟待强化。这些方面不仅体现了新时代社会主要矛盾的变化，也对乡村振兴提出了新的更高的要求。

3. 实现“两个百年”奋斗目标，迫切需要农业、农村的现代化 习近平总书记提出：“中国要强农业必须强，中国要美农村必须美，中国要富农民必须富。”要加强城乡统筹，消除绝对贫困，缩小城乡差距，促进农业基础稳固、农村和谐稳定、农民安居乐业。

二、实施乡村振兴战略的伟大意义

1. 实施乡村振兴战略是解决我国城乡发展不平衡不充分的迫切要求 广大农村居民能否同步实现小康，不仅事关全面建成小康社会的全局，也事关21世纪中叶能否建成富强、民主、文明、和谐、美丽的社会主义现代化强国。当前我国发展的不平衡、不充分，突出体现在农业和农村这两个领域。习近平总书记指出：“任何时候都不能忽视农业、不能忘记农民、不能淡漠农村。”改革开放以来，我国农业、农村发展取得了巨大成就，但城乡二元结构问题仍然没有得到根本性的解决，城乡差距依然较大。从城乡居民收入和消费情况看，城乡居民收入倍差达2.72，城乡居民消费支出倍差达2.27；从城乡基础设施和基本公共服务看，农村基础设施建设滞后于城市，农村的医疗、教育、文化、养老等社会保障等公共产品供给不足，农村公共服务水平也不高，农民共享现代社会发展成果不充分等；从城镇居民需求角度看，对农产品数量的需求已不是问题，但对农产品质量的要求却没有得到很好地满足，尤其是对食品安全要求更高，同时，城镇居民希望农村能够提供清洁的空气、洁净的水源、恬静的田园风光等生态产品，以及农耕文化、乡愁寄托等精神产品；农村居民希望有稳定的就业和收入，有完善的基础设施、公共服务，可靠的社会保障，丰富的文化活动，过上

2019年（农历戊戌年）第2周周历

星期	阳历		农历		天干地支	二十八宿	重要节日和纪念日	记事
	月	日	月	日				
一	元月大	7	腊月大	初二	甲辰	危宿		
二		8		初三	乙巳	室宿	周恩来逝世（1976）	
三		9		初四	丙午	壁宿	三九	
四		10		初五	丁未	奎宿		
五		11		初六	戊申	娄宿		
六		12		初七	己酉	胃宿		
日		13		初八	庚戌	昴宿	腊八节	

富足、现代化、有尊严的生活，这些新的期待都要求全面振兴乡村。

2. 实施乡村振兴战略核心是从根本上解决“三农”问题 中央制定实施乡村振兴战略，是要从根本上解决目前我国农业不发达、农村不兴旺、农民不富裕的“三农”问题。通过牢固树立创新、协调、绿色、开放、共享“五大”发展理念，达到生产、生活、生态的“三生”协调，促进农业、加工业、现代服务业的“三业”融合发展，真正实现农业发展、农村变样、农民受惠，最终建成“看得见山、望得见水、记得住乡愁”、留得住人的美丽乡村、美丽中国。

农业、农村、农民问题是关系国计民生的根本性问题。实施乡村振兴战略，必须始终把解决好“三农”问题作为全党工作重中之重。中央之所以把解决好“三农”问题放在各项工作的首位，是因为在全面建成小康社会进程中，在工业化、城镇化、信息化和农业现代化同步发展过程中，农业现代化这条短腿和农村现代化这个短板还没有补齐。习近平总书记指出：“没有农业现代化，没有农村繁荣富强，没有农民安居乐业，国家现代化是不完整、不全面、不牢固的。”决胜全面建成小康社会，重点就是要补齐农业、农村这块短板。

3. 实施乡村振兴战略是把中国人的饭碗牢牢端在自己手中的有力抓手 中国是个人口大国，民以食为天，粮食安全历来是国家安全的根本。习近平总书记说，要把中国人的饭碗牢牢端在自己手中，就是要让粮食生产这一农业生产的核心成为重中之重，乡村振兴战略就是要使农业大发展、粮食大丰收。要强化科技农业、生态农业、智慧农业，确保18亿亩耕地红线不被突破，从根本上解决中国粮食安全问题，而不会受国际粮食市场的左右和支配，从而把中国人的饭碗牢牢端在自己手中。

4. 实施乡村振兴战略是破解我国城乡二元结构的战略选择 城乡二元结构的问题是我国当前乃至今后相当长一段时期，必须要破解的时代难题。从现阶段发展水平看，我国具备了启动实施乡村振兴战略的条件。一是我国在统筹城乡发展和新农村建设方面具有一定的基础和实践经验。进入新世

2019年（农历戊戌年）第3周周历

星期	阳历		农历		天干地支	二十八宿	重要节日和纪念日	记事
	月	日	月	日				
一	元月大	14	腊月大	初九	辛亥	毕宿	◐上弦	
二		15		初十	壬子	觜宿		
三		16		十一	癸丑	参宿		
四		17		十二	甲寅	井宿		
五		18		十三	乙卯	鬼宿	四九	
六		19		十四	丙辰	柳宿		
日		20		十五	丁巳	星宿	大寒	

纪以来，中央和地方加大投入，农村水、电、路等基础设施得到明显改善，农村义务教育、新农合、新农保和低保等基本公共服务实现了从无到有的历史性变化，一些地方在特色小镇和美丽乡村建设方面也探索出新的路径。在政策制定方面，围绕坚持农业、农村优先发展，也初步搭建起城乡统筹发展的体制机制框架。二是我国工业化和城镇化水平已具备实施乡村振兴战略的条件。当前我国工业化已进入到中后期，经济实力和综合国力显著增强，大量的农村劳动力流向已开始发生改变，城市和工业投资呈现出收益递减、投资利润率逐年下降的趋势。目前，具备了加快推进农业、农村现代化的条件，具备了支撑农业、农村现代化的物质和技术条件，具备了以城带乡、以工补农的物质基础和经济实力，这为实施乡村振兴战略奠定了物质基础。三是从欧美等发达国家和地区经验看，当一个国家城市化率超过50%，资本、技术、管理等要素就会向农业和农村流动。世界发达国家在实现现代化进程中，对农业、农村所采取的政策，都经历了从单一的农业政策转向实行综合性的乡村发展政策，从原来主要通过使用价格干预等措施实现农业发展和农民增收，转向把农业、农村作为一个系统，统筹综合起来一揽子解决，实现乡村的全面振兴。从主要指标看，我们已经到了工业化中后期发展阶段，此时，提出实施乡村振兴战略是顺势而为，适逢其时。

5. 实施乡村振兴战略有利于弘扬中华优秀传统文化 中国文化本质上是乡土文化，中华文化的根脉在乡村，我们常说的乡土、乡景、乡情、乡音、乡邻、乡德等，构成中国乡土文化，也使其成为中华优秀传统文化的基本内核。实施乡村振兴战略，是重构中国乡土文化的重大举措，是弘扬中华优秀传统文化的重大战略。

三、乡村振兴战略的总体要求

1.指导思想 全面贯彻党的十九大精神，以习近平新时代中国特色社会主义思想为指导，加强党对“三农”工作的领导，坚持稳中求进工作总

2019年（农历戊戌年）第4周周历

星期	阳历		农历		天干地支	二十八宿	重要节日和纪念日	记事
	月	日	月	日				
一	元月大	21	腊月大	十六	戊午	张宿	○望 列宁逝世（1924）	
二		22		十七	己未	翼宿		
三		23		十八	庚申	轸宿		
四		24		十九	辛酉	角宿		
五		25		二十	壬戌	亢宿		
六		26		廿一	癸亥	氐宿		
日		27		廿二	甲子	房宿	五九 宋庆龄诞辰（1893）	

基调，牢固树立新发展理念，落实高质量发展的要求，紧紧围绕统筹推进“五位一体”总体布局和协调推进“四个全面”战略布局，坚持把解决好“三农”问题作为全党工作重中之重，坚持农业、农村优先发展，按照产业兴旺、生态宜居、乡风文明、治理有效、生活富裕的总要求，建立健全城乡融合发展体制机制和政策体系，统筹推进农村经济建设、政治建设、文化建设、社会建设、生态文明建设和党的建设，加快推进乡村治理体系和治理能力现代化，加快推进农业、农村现代化，走中国特色社会主义乡村振兴道路，让农业成为有奔头的产业，让农民成为有吸引力的职业，让农村成为安居乐业的美丽家园。

2. 目标任务 按照党的十九大提出的决胜全面建成小康社会、分两个阶段实现第二个百年奋斗目标的战略安排，实施乡村振兴战略的目标任务是：

到2020年，乡村振兴取得重要进展，制度框架和政策体系基本形成。农业综合生产能力稳步提升，农业供给体系质量明显提高，农村一、二、三产业融合发展水平进一步提升；农民增收渠道进一步拓宽，城乡居民生活水平差距持续缩小；现行标准下农村贫困人口实现脱贫，贫困县全部摘帽，解决区域性整体贫困；农村基础设施建设深入推进，农村人居环境明显改善，美丽宜居乡村建设扎实推进；城乡基本公共服务均等化水平进一步提高，城乡融合发展体制机制初步建立；农村对人才吸引力逐步增强；农村生态环境明显好转，农业生态服务能力进一步提高；以党组织为核心的农村基层组织建设进一步加强，乡村治理体系进一步完善；党的农村工作领导体制机制进一步健全；各地区各部门推进乡村振兴的思路与举措得以确立。

到2035年，乡村振兴取得决定性进展，农业、农村现代化基本实现。农业结构得到根本性改善，农民就业质量显著提高，相对贫困进一步缓解，共同富裕迈出坚实步伐；城乡基本公共服务均等化基本实现，城乡融合发展体制机制更加完善；乡风文明达到新高度，乡村治理体系更加完善；农村生态环境根本好转，美丽宜居乡村基本实现。

2019年（农历戊戌年）第5周周历

星期	阳历		农历		天干地支	二十八宿	重要节日和纪念日	记事
	月	日	月	日				
一	元月大	28	腊月大	廿三	乙丑	心宿	小年 ◑下弦	
二		29		廿四	丙寅	尾宿		
三		30		廿五	丁卯	箕宿		
四		31		廿六	戊辰	斗宿		
五	2月平	1		廿七	己巳	牛宿		
六		2		廿八	庚午	女宿	世界湿地日（1997）	
日		3		廿九	辛未	虚宿		

到2050年，乡村全面振兴，农业强、农村美、农民富全面实现。

四、乡村振兴的内涵要义

乡村振兴的内涵十分丰富，既包括经济、社会和文化振兴，又包括治理体系创新和生态文明进步，是一个全面振兴的综合概念。

1. 乡村振兴，产业兴旺是重点 只有农村产业振兴了，才有可能创造出更多的就业机会和岗位，为农民增收和农村富裕拓展持续稳定的渠道。加快振兴农村产业，必须坚持质量兴农、绿色兴农，要在确保国家粮食安全的前提下，加快农业供给侧结构性改革，构建现代农业产业体系、生产体系、经营体系，发展多种形式适度规模经营，培育新型农业经营主体，健全农业社会化服务体系，实现小农户和现代农业发展有机衔接，全面推进农业现代化的进程。要充分挖掘和拓展农业的多维功能，促进农业产业链条延伸和农业与二、三产业尤其是文化旅游产业的深度融合，大力发展农产品加工和农村新兴服务业，为农民持续稳定增收提供更加坚实的农村产业支撑。

2. 乡村振兴，生态宜居是关键 良好生态环境是农村最大优势和宝贵财富。其内容涵盖村容整洁，村内水、电、路等基础设施完善，以保护自然、顺应自然、敬畏自然的生态文明理念纠正单纯以人工生态系统替代自然生态系统的错误做法等。提倡生态宜居就要保留乡土气息、保存乡村风貌、保护乡村生态系统、治理乡村环境污染，实现人与自然和谐共生，让乡村人居环境绿起来、美起来。必须尊重自然、顺应自然，加强对农村资源环境的保护，大力改善水、电、路、气、房、讯等基础设施，统筹山水林田湖草保护建设，保护好绿水青山和清新清净的田园风光，推动乡村自然资本快速增值，实现百姓富、生态美的统一。

3. 乡村振兴，乡风文明是保障 建设乡风文明既是乡村建设的重要内容，也是中国社会文明建设的重要基础；乡风文明不仅反映农民对美好生

2019 年（农历戊戌年、己亥年）第 6 周周历

星期	阳历		农历		天干地支	二十八宿	重要节日和纪念日	记事
	月	日	月	日				
一	2月平	4	腊月大	三十	壬申	危宿	除夕 立春 世界抗癌日（2000）	
二		5	正月大	初一	癸酉	室宿	春节 ●朔 六九	
三		6		初二	甲戌	壁宿		
四		7		初三	乙亥	奎宿	“二七”工人大罢工纪念日（1923）	
五		8		初四	丙子	娄宿		
六		9		初五	丁丑	胃宿		
日		10		初六	戊寅	昴宿		

活的需要，也是构建和谐社会和实现强国梦的重要条件。乡风文明建设既包括促进农村文化教育、医疗卫生等事业发展，改善农村基本公共服务；又包括大力弘扬社会主义核心价值观，传承遵规守约、尊老爱幼、邻里互助、诚实守信等乡村良好习俗，努力实现乡村传统文化与现代文明的融合；还包括充分借鉴国内外乡村文明的优秀成果，实现乡风文明与时俱进。必须坚持物质文明和精神文明一起抓，促进农村文化教育、医疗卫生等事业发展，推动移风易俗、文明进步，弘扬农耕文明和优良传统，提升农民精神风貌，培育文明乡风、良好家风、淳朴民风，不断提高乡村社会文明程度。

4.乡村振兴，治理有效是基础　必须把夯实基层基础作为固本之策，建立健全党委领导、政府负责、社会协同、公众参与、法治保障的现代乡村社会治理体制，坚持自治、法治、德治相结合，加强基层民主和法治建设，弘扬社会正气、惩治违法行为，建设平安乡村。进一步密切党群、干群关系，有效协调农户利益与集体利益、短期利益与长期利益，确保乡村社会充满活力、和谐有序。

5. 乡村振兴，生活富裕是根本　要坚持人人尽责、人人享有，按照抓重点、补短板、强弱项的要求，围绕农民群众最关心、最直接、最现实的利益问题，一件事情接着一件事情办，一年接着一年干，让农民有持续稳定的收入来源，经济宽裕，生活便利，把乡村建设成为幸福美丽新家园。

五、实现乡村振兴战略的路径

习近平总书记在中央农村工作会议上，对实施乡村振兴战略、走中国特色社会主义乡村振兴道路做了深刻系统的阐述：

1. 必须重塑城乡关系，走城乡融合发展之路　要坚持以工补农、以城带乡，把公共基础设施建设的重点放在农村，推动农村基础设施建设提档升级，优先发展农村教育事业，促进农村劳动力转移就业和农民增收，加强农村社会保障体系建设，推进健康乡村建设，持续改善农村人居环境，

2019年（农历己亥年）第7周周历

星期	阳历		农历		天干地支	二十八宿	重要节日和纪念日	记事
	月	日	月	日				
一	2月平	11	正月大	初七	己卯	毕宿		
二		12		初八	庚辰	觜宿		
三		13		初九	辛巳	参宿	◐上弦	
四		14		初十	壬午	井宿	情人节 七九	
五		15		十一	癸未	鬼宿	中国12亿人口日（1995）	
六		16		十二	甲申	柳宿		
日		17		十三	乙酉	星宿		

逐步建立健全全民覆盖、普惠共享、城乡一体的基本公共服务体系，让符合条件的农业转移人口在城市落户定居，推动新型工业化、信息化、城镇化、农业现代化同步发展，加快形成工农互促、城乡互补、全面融合、共同繁荣的新型工农城乡关系。

2. 必须巩固和完善农村基本经营制度，走共同富裕之路 要坚持农村土地集体所有，坚持家庭经营基础性地位，坚持稳定土地承包关系，壮大集体经济，建立符合市场经济要求的集体经济运行机制，确保集体资产保值增值，确保农民受益。

3. 必须深化农业供给侧结构性改革，走质量兴农之路 坚持质量兴农、绿色兴农，实施质量兴农战略，加快推进农业由增产导向转向提质导向，夯实农业生产能力基础，确保国家粮食安全，构建农村一、二、三产业融合发展体系，积极培育新型农业经营主体，促进小农户和现代农业发展有机衔接，推进“互联网＋现代农业”，加快构建现代农业产业体系、生产体系、经营体系，不断提高农业创新力、竞争力和全要素生产率，加快实现由农业大国向农业强国转变。

4. 必须坚持人与自然和谐共生，走乡村绿色发展之路 以绿色发展引领生态振兴，统筹山水林田湖草系统治理，加强农村突出环境问题综合治理，建立市场化多元化生态补偿机制，增加农业生态产品和服务供给，实现百姓富、生态美的统一。

5. 必须传承发展提升农耕文明，走乡村文化兴盛之路 坚持物质文明和精神文明一齐抓，弘扬和践行社会主义核心价值观，加强农村思想道德建设，传承发展提升农村优秀传统文化，加强农村公共文化建设，开展移风易俗行动，提升农民精神风貌，培育文明乡风、良好家风、淳朴民风，不断提高乡村社会文明程度。

6. 必须创新乡村治理体系，走乡村善治之路 建立健全党委领导、政府负责、社会协同、公众参与、法治保障的现代乡村社会治理体制，健全

2019年（农历己亥年）第8周周历

星期	阳历		农历		天干地支	二十八宿	重要节日和纪念日	记事
	月	日	月	日				
一	2月平	18	正月大	十四	丙戌	张宿		
二		19		十五	丁亥	翼宿	元宵节 雨水 ○望 邓小平逝世（1997）	
三		20		十六	戊子	轸宿		
四		21		十七	己丑	角宿		
五		22		十八	庚寅	亢宿		
六		23		十九	辛卯	氐宿	八九	
日		24		二十	壬辰	房宿		

自治、法治、德治相结合的乡村治理体系，加强农村基层基础工作，加强农村基层党组织建设，深化村民自治实践，严肃查处侵犯农民利益的“微腐败”，建设平安乡村，确保乡村社会充满活力、和谐有序。

7. 必须打好精准脱贫攻坚战，走中国特色减贫之路 坚持精准扶贫、精准脱贫，把提高脱贫质量放在首位，注重扶贫同扶志、扶智相结合，瞄准贫困人口精准帮扶，聚焦深度贫困地区集中发力，激发贫困人口内生动力，强化脱贫攻坚责任和监督，开展扶贫领域腐败和作风问题专项治理，采取更加有力的举措、更加集中的支持、更加精细的工作，坚决打好精准脱贫这场对全面建成小康社会具有决定意义的攻坚战。

六、实施乡村振兴战略的重大举措

2018 年，中央一号文件围绕实施好乡村振兴战略，谋划了一系列重大举措，确立起了乡村振兴战略的“四梁八柱”，可以概括为“八个有”。

1. 有国家战略规划引领 文件提出，制定《国家乡村振兴战略规划（2018—2022年）》（以下简称《规划》）。《规划》通过与文件对表对标，分别明确至2020年全面建成小康社会和2022年召开党的二十大时的目标任务，细化实化工作重点和政策措施，指导各地区各部门分类有序推进乡村振兴。

2. 有党内法规保障 文件提出，根据坚持党对一切工作的领导的要求和新时代“三农”工作新形势新任务新要求，研究制定中国共产党农村工作条例，把党领导农村工作的传统、要求、政策等以党内法规形式确定下来，明确加强对农村工作领导的指导思想、原则要求、工作范围和对象、主要任务、机构职责、队伍建设等，完善领导体制和工作机制，确保乡村振兴战略有效实施。

3. 有日益健全的法治保障 文件提出，抓紧研究制定乡村振兴法的有关工作，把行之有效的乡村振兴政策法定化，充分发挥立法在乡村振兴中的

2019年（农历己亥年）第9周周历

星期	阳历		农历		天干地支	二十八宿	重要节日和纪念日	记事
	月	日	月	日				
一	2月平	25	正月大	廿一	癸巳	心宿		
二		26		廿二	甲午	尾宿	◑下弦	
三		27		廿三	乙未	箕宿		
四		28		廿四	丙申	斗宿		
五	3月大	1		廿五	丁酉	牛宿		
六		2		廿六	戊戌	女宿		
日		3		廿七	己亥	虚宿	九九 全国爱耳日（2000）	

保障和推动作用。及时修改和废止不适应的法律法规。推进粮食安全保障立法。各地可以从本地乡村发展实际需要出发，制定促进乡村振兴的地方性法规、地方政府规章。

4. 有领导责任制保障 实行中央统筹、省负总责、市县抓落实的工作机制。党政一把手是第一责任人，五级书记抓乡村振兴。县委书记当好乡村振兴“一线总指挥”。各部门按照职责，加强工作指导，强化资源要素支持和制度供给，做好协同配合，形成乡村振兴工作合力。切实加强各级党委农村工作部门建设，按照《中国共产党工作机关条例（试行）》有关规定，做好党的农村工作机构设置和人员配置工作，充分发挥决策参谋、统筹协调、政策指导、推动落实、督导检查等职能。

5. 有一系列重要战略、重大行动和重大工程支撑 重要战略方面，部署制定和实施国家质量兴农战略规划、实施数字农村战略等；重大行动方面，部署实施农村人居环境整治三年行动、打好精准脱贫攻坚战三年行动、乡村就业创业促进行动等；重大工程则有农村土地整治和高标准农田建设、推进农村“雪亮工程”建设、建设一批重大高效节水灌溉工程、发展现代农作物畜禽水产林木种业等近30项。

6. 有对农民关心的关键小事的部署安排 针对农村厕所这个影响农民生活品质的突出短板，部署推进农村“厕所革命”；针对基层反映的上级考核检查名目多、负担重等问题，部署集中清理上级对村级组织的考核评价多、创建达标多、检查督查多等突出问题；等等。

7. 有全方位的制度性供给作保障 文件围绕巩固和完善农村基本经营制度、深化农村土地制度改革、深入推进农村集体产权制度改革、完善农业支持保护制度、全面建立职业农民制度、建立市场化多元化生态补偿机制、自治法治德治相结合的乡村治理体系、乡村人才培育引进使用机制、鼓励引导工商资本参与乡村振兴等方面，部署了一系列重大改革举措和制度建设。

8. 有解决“钱从哪里来的问题”的全面谋划 文件要求，创新投融资

2019 年（农历己亥年）第 10 周周历

星期	阳历		农历		天干地支	二十八宿	重要节日和纪念日	记事
	月	日	月	日				
一	3月大	4	正月大	廿八	庚子	危宿		
二		5		廿九	辛丑	室宿	学习雷锋纪念日（1963） 周恩来诞辰（1898）	
三		6		三十	壬寅	壁宿	惊蛰	
四		7	二月小	初一	癸卯	奎宿	●朔	
五		8		初二	甲辰	娄宿	龙抬头日 国际劳动妇女节（1910）	
六		9		初三	乙巳	胃宿		
日		10		初四	丙午	昴宿		

机制，加快形成财政优先保障、金融重点倾斜、社会积极参与的多元投入格局。首先是确保财政投入持续增长，建立健全实施乡村振兴战略财政投入保障制度，公共财政以更大力度向“三农”倾斜，确保财政投入与乡村振兴目标任务相适应。其次是提高金融服务水平，坚持农村金融改革发展的正确方向，健全适合农业、农村特点的农村金融体系，推动农村金融机构回归本源，把更多金融资源配置到农村经济社会发展的重点领域和薄弱环节。

§1.2　强农惠农政策

强农惠农政策是指政府为了支持农业的发展、提高农民的经济收入和生活水平、推动农村的可持续发展而对农业、农民和农村给予的政策倾斜和优惠。近年来，中央财政对“三农”的投入增长幅度不断加大，特别是随着一系列强农惠农政策的全面实施，给农业发展增强了后劲，给农村带来了翻天覆地的变化，也给农民带来了实惠。

一、财政重点强农惠农政策

为实施乡村振兴战略，深入推进农业供给侧结构性改革，加快推进农业农村现代化，2018年，中央财政继续加大支农投入，出台了一系列新政策，主要包括农民直接补贴、支持新型农业经营主体发展、支持农业结构调整、支持农村产业融合发展、支持绿色高效技术推广服务、支持农业资源生态保护和面源污染防治、支持农业防灾救灾、支持大县奖励政策等。

1. 耕地地力保护补贴　从2016年开始，农业“三项补贴”（指农作物良种补贴、种粮农民直接补贴和农资综合补贴）合并为“农业支持保护补贴”，后又调整为“耕地地力保护和粮食适度规模经营补贴”。目的是加

2019 年（农历己亥年）第 11 周周历

星期	阳历		农历		天干地支	二十八宿	重要节日和纪念日	记事
	月	日	月	日				
一	3月大	11	二月小	初五	丁未	毕宿		
二		12		初六	戊申	觜宿	植树节（1979） 孙中山逝世（1925）	
三		13		初七	己酉	参宿		
四		14		初八	庚戌	井宿	◐上弦 马克思逝世（1883） 世界防治肾病日（2006）	
五		15		初九	辛亥	鬼宿	国际消费者权益保护日（1983）	
六		16		初十	壬子	柳宿		
日		17		十一	癸丑	星宿		

强耕地生产能力建设，保证耕地资源得到保护，通过补贴的发放引导广大农民提升耕地地力，促进农业朝着生态绿色化方向发展。

（1）补贴范围和对象：所有拥有耕地承包权的农户。已被非农征用、退耕还林、挖塘养鱼、畜禽养殖、发展林果业、绿化景观建设、成片粮田转为设施农业用地、非农业征（占）用地等已改变用途的耕地不予补贴。享受补贴的农户应承担耕地地力保护责任，做到耕地不撂荒、不改变用途、地力不降低。

（2）补贴依据：由各村上报面积，各乡镇负责组织人员核实、打印后在各村公示7天，公示内容包括农户姓名、补贴面积、不予补贴面积等。农户如有异议,须在公示期间到乡（镇）政府反映,乡（镇）政府及时核实、更正。补贴面积公示结束并无异议后，由乡（镇）政府汇总并申报，经县（市、区）政府审批后作为本年度的补贴依据。

（3）补贴标准：结合各乡镇（街道办）申报并获得批复的补贴面积，据实测算后得出各县当年的补贴标准。

2. 农机购置补贴

（1）补贴范围：2018年，中央财政安排农机购置补贴资金186亿元，补贴机具种类范围以2015 ~ 2017年补贴范围为基础进行了调整优化，重点增加了支持农业结构调整需求和绿色生态导向的品目，剔除了技术已明显落后的部分品目，并依据新的农业机械分类标准对机具分类和品目名称进行了规范，最终确定补贴范围为15个大类42个小类137个品目，实行补贴范围内机具敞开补贴。优先保证粮食等主要农产品生产所需机具和深松整地、免耕播种、高效植保、节水灌溉、高效施肥、秸秆还田离田、残膜回收、畜禽粪污资源化利用、病死畜禽无害化处理等支持农业绿色发展机具的补贴需要，逐步将区域内保有量明显过多、技术相对落后、需求量小的机具品目剔除出补贴范围。

（2）补贴对象：补贴对象为从事农业生产的个人和农业生产经营组织，其中农业生产经营组织包括农村集体经济组织、农民专业合作经济组织、

2019年（农历己亥年）第12周周历

星期	阳历		农历		天干地支	二十八宿	重要节日和纪念日	记事
	月	日	月	日				
一	3月大	18	二月小	十二	甲寅	张宿		
二		19		十三	乙卯	翼宿		
三		20		十四	丙辰	轸宿		
四		21		十五	丁巳	角宿	春分 ○望 世界森林日（1971） 世界睡眠日（2001）	
五		22		十六	戊午	亢宿	春社 世界水日（1993）	
六		23		十七	己未	氐宿	世界气象日（1960）	
日		24		十八	庚申	房宿	世界防治结核病日（1995）	

农业企业和其他从事农业生产经营的组织。

（3）补贴标准：一般补贴机具单机补贴额原则上不超过5万元；挤奶机械、烘干机单机补贴额不超过12万元；75千瓦(100马力)以上拖拉机、高性能青饲料收获机、大型免耕播种机、大型联合收割机、水稻大型浸种催芽程控设备单机补贴额不超过15万元；150千瓦（200马力）以上拖拉机单机补贴额不超过25万元；大型甘蔗收获机单机补贴额不超过40万元；大型棉花采摘机单机补贴额不超过60万元。

2018年，中央财政分配河南省农机购置补贴资金17.453亿元，省财政又安排累加补贴资金1.1亿元。

3. 新型职业农民培育 培育新型职业农民是一项关系“三农”长远发展的基础性、长久性工作，政策扶持则是国家建立新型职业农民制度的核心内容，是培育新型职业农民的创新举措和根本保障。2018年，在新型职业农民培训方面，将全面建立职业农民制度，将新型农业经营主体带头人、现代青年农场主、农业职业经理人、农业社会化服务骨干和农业产业扶贫对象作为重点培育对象，以提升生产技能和经营管理水平为主要内容，培训新型职业农民100万人次。

4. 农民合作社和家庭农场能力建设 以制度健全、管理规范、带动力强的国家农民合作社示范社、农民合作社联合社和示范家庭农场为扶持对象，支持发展绿色农业、生态农业，提高标准化生产、农产品加工、市场营销等能力。

5. 农业生产社会化服务 支持农村集体经济组织、专业化农业服务组织、服务型农民合作社等具有一定能力、可提供有效稳定服务的主体，针对粮食等主导产业和农民急需的关键环节，为从事粮棉油糖等重要农产品生产的主体提供社会化服务，集中连片推广绿色生态高效现代农业生产方式，实现小农户和现代农业发展有机衔接。

6. 农业信贷担保体系建设 健全全国农业信贷担保体系，推进省级信贷担保机构向市县延伸，实现实质性运营。重点服务种养大户、家庭农

2019 年（农历己亥年）第 13 周周历

星期	阳历		农历		天干地支	二十八宿	重要节日和纪念日	记事
	月	日	月	日				
一	3月大	25	二月小	十九	辛酉	心宿	全国中小学生安全教育日（1996）	
二		26		二十	壬戌	尾宿		
三		27		廿一	癸亥	箕宿		
四		28		廿二	甲子	斗宿	◑下弦	
五		29		廿三	乙丑	牛宿		
六		30		廿四	丙寅	女宿		
日		31		廿五	丁卯	虚宿		

场、农民合作社等新型经营主体，以及农业社会化服务组织和农业小微企业，聚焦粮食生产、畜牧水产养殖、优势特色产业、农村新业态、农村一二三产业融合，以及高标准农田建设、农机装备设施、绿色生产和农业标准化等关键环节，提供方便快捷、费用低廉的信贷担保服务。支持各地采取担保费补助、业务奖补等方式，加快做大农业信贷担保贷款规模。

7. 优势特色主导产业发展 支持各地以促进产业发展和农民增收为目标，围绕具有区域优势、地方特色的农业主导产业，着力发展优势特色主导产业带和重点生产区域。启动绿色优质农产品示范，通过标准化绿色化生产、全程化质量监管、全产业链经营、产业融合发展，做大做优做强优势特色产业，培育打造一批有影响力的区域公用品牌、企业品牌和产品品牌，示范推广产出高效、产品安全、资源节约、环境友好的现代农业发展模式。

8. 现代农业产业园建设 在省级推荐基础上，继续创建一批国家现代农业产业园，同时认定一批国家现代农业产业园。中央财政通过以奖代补方式给予适当支持。

9. 农村一、二、三产业融合发展 深化农村一、二、三产业融合发展，实施产业兴村强县行动，以乡（镇）为平台，引导带动特色优势主导产业发展，加强农产品产地加工、包装、营销等，延伸产业链，提升价值链，拓展农业多功能性，发展休闲农业、智慧农业、农业文化产业，支持农业产业化，培育新产业、新业态、新模式。

10. 创建绿色高产高效生产模式 突出水稻、小麦、玉米三大谷物，兼顾薯类、杂粮、棉油糖、菜果茶等品种，选择一批生产基础好、优势突出、特色鲜明、产业带动强的县开展整建制创建，示范推广绿色高产高效技术模式，增加绿色优质农产品供给。

11. 农业生产救灾 立足地方先救灾、中央后补助，中央财政对各地农业重大自然灾害及生物灾害的预防控制、应急救灾和灾后恢复生产工作给予适当补助。

2019年（农历己亥年）第14周周历

星期	阳历		农历		天干地支	二十八宿	重要节日和纪念日	记事
	月	日	月	日				
一	4月小	1	二月小	廿六	戊辰	危宿	愚人节	
二		2		廿七	己巳	室宿		
三		3		廿八	庚午	壁宿		
四		4		廿九	辛未	奎宿		
五		5	三月大	初一	壬申	娄宿	清明 ●朔	
六		6		初二	癸酉	胃宿		
日		7		初三	甲戌	昴宿	世界卫生日（1948） 轩辕黄帝拜祭日（2006）	

12. 动物疫病防控 中央财政对动物疫病强制免疫、强制扑杀和养殖环节无害化处理工作给予适当补助。支持对符合条件的养殖场（户）实行强制免疫“先打后补”的补助方式。

13. 产粮（油）大县奖励 包括常规产粮大县奖励、超级产粮大县奖励、商品粮大县奖励、制种大县奖励、产油大县奖励。大县标准和资金使用要求按照《产粮（油）大县奖励资金管理暂行办法》（财建〔2016〕866号）执行。

14. 信息进村入户整省推进示范 继续选择5个省（市）开展示范，依托现有的农村信息服务、金融保险、电商等平台，通过整合资源，完善功能，达到技术、市场、商务、政务等信息一站式服务。信息进村入户采取市场化建设运营，中央财政给予一次性奖补。

15. 农机深松整地 为了加厚松土层，改善土壤耕层结构，以促进农作物增产、农民增收，我国开展了农机深松整地。2018年全国农机深松整地面积达到1.5亿亩以上，农业部下达河南省深松整地作业任务1 200万亩，作业深度一般要求达到或超过25厘米，打破犁底层。

为调动农民农机深松整地的积极性，河南省从2018年开始，按照“政府推动、市场引导”的原则，通过对核心区内实施作业补助，辐射带动完成全省农机深松整地作业任务。要求以高标准粮田建设区域和农业全程社会化服务试点区域为重点，划定农机深松整地作业核心区，辐射带动其他区域。为支持脱贫攻坚，核心区优先统筹考虑贫困村、贫困户。在作业模式上，根据河南省各地土壤类型、耕作制度和机具配备情况，农机深松整地作业主要采用“单一深松”和“深松加旋耕”模式，原则上同一地块三年深松一次。2018年农机深松整地作业补助标准不超过30元/亩，具体补助标准由各地结合机具、油价、土壤、用工等成本因素确定，按照“先作业后补助、先公示后兑现”的原则，进行作业补助资金兑付。2018年深松整地作业补助，全部实行信息化远程监测。

16. 农业保险保费补贴 纳入中央财政保险保费补贴范围的品种为玉

2019年（农历己亥年）第15周周历

星期	阳历		农历		天干地支	二十八宿	重要节日和纪念日	记事
	月	日	月	日				
一	4月小	8	三月大	初四	乙亥	毕宿		
二		9		初五	丙子	觜宿		
三		10		初六	丁丑	参宿		
四		11		初七	戊寅	井宿	世界防治帕金森病日（1997） 孔子逝世（公元前479）	
五		12		初八	己卯	鬼宿		
六		13		初九	庚辰	柳宿	◐上弦 世界爱鼻日（2003）	
日		14		初十	辛巳	星宿		

米、水稻、小麦、棉花、马铃薯、油料作物、糖料作物、能繁母猪、奶牛、育肥猪、森林、青稞、牦牛、藏系羊和天然橡胶，按照农业保险“自主自愿”等原则，农民缴纳保费比例由各省自主确定，一般不超过20%，其余部分由各级财政按比例承担。在13个粮食主产省的200个产粮大县深入实施农业大灾保险试点，启动实施三大粮食作物完全成本保险试点。

17. 耕地保护与质量提升 选择重点县分区域、分作物组装推广一批耕地质量建设和化肥减量增效技术模式，依托新型农业经营主体开展土壤培肥改良和科学施肥服务。河南省委、省政府出台的《关于进一步加强耕地保护的实施意见》强调，作为农业大省，将积极推进耕地质量提升和保护，增强农业综合生产能力，巩固和提升粮食产能，着力实现“藏粮于地，藏粮于技”战略。

18. 农作物秸秆综合利用试点 财政部、农业农村部围绕加快构建环京津冀生态一体化屏障的重点区域，选择农作物秸秆量大和焚烧问题较为突出的河北、山西、内蒙古、辽宁、吉林、黑龙江、江苏、安徽、山东、河南等10省（自治区）开展秸秆综合利用试点，支持150个左右重点县实行整县推进，坚持多元利用、农用优先，推动地方进一步做好秸秆禁烧和综合利用工作，保护和提升耕地质量。

19. 渔业增殖放流和减船转产 在流域性大江大湖、界江界河、资源退化严重海域等重点水域开展渔业增殖放流。推动海洋捕捞减船转产工作，支持渔船更新改造、渔船拆解、人工鱼礁、深水网箱、渔港及通信导航等设施建设。

20. 畜禽粪污资源化处理 继续选择部分生猪、奶牛、肉牛养殖重点县开展畜禽粪污资源化利用整县治理，支持有条件的地区开展整市、整省推进治理。按照政府支持、企业主体、市场化运作的方针，以就地就近用于农村能源和农用有机肥为主要利用方式，改造完善粪污收集、处理、利用等整套粪污处理设施，实现规模养殖场全部达到粪污处理和资源化利用的要求，努力形成农牧结合种养循环发展的产业格局。

2019 年（农历己亥年）第 16 周周历

星期	阳历		农历		天干地支	二十八宿	重要节日和纪念日	记事
	月	日	月	日				
一	4月小	15	三月大	十一	壬午	张宿	全民国家安全教育日（2016） 全国抗癌日（1998）	
二		16		十二	癸未	翼宿		
三		17		十三	甲申	轸宿	世界防治血友病日（1989）	
四		18		十四	乙酉	角宿	国际古迹遗址日（1982）	
五		19		十五	丙戌	亢宿	○望	
六		20		十六	丁亥	氐宿	谷雨	
日		21		十七	戊子	房宿		

21. 果菜茶有机肥替代化肥行动 选择150个果菜茶种植优势突出、有机肥资源有保障、有机肥施用技术模式成熟、产业发展有一定基础、地方有积极性的重点县开展有机肥替代化肥行动，要求到2020年，果菜茶优势产区化肥用量减少20% 以上，果菜茶核心产区和知名品牌生产基地（园区）化肥用量减少50% 以上。

果菜茶有机肥替代化肥行动涉及柑橘、苹果、茶叶、设施蔬菜四大类经济作物及其主产区。

苹果，推行有机肥替代化肥，在黄土高原苹果优势产区、渤海湾苹果优势产区推广“有机肥加配方肥”“果—沼—畜”“有机肥加水肥一体化”“自然生草加绿肥”4种技术模式。

柑橘，推广“有机肥加配方肥”“果—沼—畜”“有机肥加水肥一体化”“自然生草加绿肥”4种技术模式。

茶叶，在重点区域推广“有机肥加配方肥”“茶—沼—畜”“有机肥加水肥一体化”“有机肥加机械深施”4 种技术模式。

设施蔬菜，在北方设施蔬菜集中产区推广“有机肥加配方肥”“菜—沼—畜”“有机肥加水肥一体化”“秸秆生物反应堆”4种技术模式。

通过开展有机肥替代化肥示范，创建一批果菜茶知名品牌，集成一批可复制、可推广、可持续的有机肥替代化肥的生产运营模式，做到建一批、成一批。

二、农村教育补贴政策

1. 九年义务教育阶段 城乡义务教育学生免收学费、杂费和教材费。寄宿学生家庭有困难的可以领取生活补贴，小学生每人每年可领取1 000元，初中生每人每年可领取1 250元；还可以享受营养健康补贴，每人每年800元。这项补贴是补贴到学生的生活上，而不是直接领取现金。

2. 高中教育阶段 对于家境贫困的学生和残疾学生，凡是没有良好家

2019年（农历己亥年）第17周周历

星期	阳历		农历		天干地支	二十八宿	重要节日和纪念日	记事
	月	日	月	日				
一	4月小	22	三月大	十八	己丑	心宿	列宁诞辰（1870） 世界地球日（2009）	
二		23		十九	庚寅	尾宿	世界读书日（1995）	
三		24		二十	辛卯	箕宿	中国航天日（2016）	
四		25		廿一	壬辰	斗宿		
五		26		廿二	癸巳	牛宿	世界知识产权日（2001）	
六		27		廿三	甲午	女宿	◑下弦	
日		28		廿四	乙未	虚宿		

庭条件的，免收全部学费和杂费。国家助学金标准为每人每年2 000元。

3. 本科教育阶段 目前，农村大学生年补助标准分为三级：A级为4 000元，B级为3 000元，C级为2 000元。此外，对于优秀农村学生，国家设立了励志奖学金，标准为每人每年5 000元。

4. 研究生教育阶段 国家补助贫困家庭硕士研究生每人每年6 000元，博士研究生补助标准不低于每人每年10 000元。

5. 特困地区考生补贴 特困地区考生除可享受以上补贴政策外，报考国家考试，可减免报考费用。

三、基本医疗保险政策

为了解决农民看病难和看病贵的问题，国家在农村实行了新型农村合作医疗（以下简称为新农合）保险制度，使广大农民有了基本医疗保障。2017 年以来，为了实现城乡接轨，国家将农村居民医疗保险，加入到了城镇居民医疗保险范围，一起称为城乡居民基本医疗保险，实行统一的城乡居民医保管理体制、覆盖范围、筹资政策、保障待遇、医保目录、定点管理、基金管理，积极构建保障更加公平、管理服务更加规范、医疗资源利用更加有效的城乡居民医保制度。

城乡居民医保实行个人缴费与政府补助相结合的筹资方式，参保居民可享受普通门诊医疗待遇、门诊慢性病医疗待遇、重特大疾病医疗待遇、住院医疗待遇(包括生育医疗待遇、新生儿医疗待遇)。

1. 缴费政策 2018年，河南省城乡居民医保个人缴费标准为人均180元，其中，全日制在校大中专院校学生的个人年度缴费标准为150元，其他城乡居民个人年度缴费标准不低于180元。

城乡居民医保费每年缴纳一次，缴费时间原则上为每年的9～12月，缴费后次年享受城乡居民医保待遇。

2. 参保范围 不属于职工基本医疗保险覆盖范围的人员都参加城乡居

2019年（农历己亥年）第18周周历

星期	阳历		农历		天干地支	二十八宿	重要节日和纪念日	记事
	月	日	月	日				
一	4月小	29	三月大	廿五	丙申	危宿		
二		30		廿六	丁酉	室宿		
三	5月大	1		廿七	戊戌	壁宿	国际劳动节（1889）	
四		2		廿八	己亥	奎宿		
五		3		廿九	庚子	娄宿		
六		4		三十	辛丑	胃宿	中国青年节（1949）	
日		5	四月小	初一	壬寅	昴宿	●朔 马克思诞辰（1818）	

民医保，包括农村居民，城镇非从业居民，各类全日制普通高等学校、科研院所中接受普通高等学历教育的全日制本专科生、全日制研究生，以及职业高中、中专、技校的学生。

3. 基本医疗保险补助标准 2018年河南省医保补助标准提高到平均每人每年490元。

4. 重特大疾病医疗保险补助标准 重特大疾病医疗保险资金从各地城乡居民基本医疗保险基金中划拨，参保居民个人不再缴费。其中，1.5万～5.0万元（含5万元）部分报销50%；5万～10万元（含10万元）部分报销60%；10万元以上部分报销70%；一年最高可报销40万元。

5. 困难群众重特大疾病补充医疗保险补助标准 建档立卡贫困人口、特困人员救助供养对象、城乡低保户、困境儿童住院除享受基本医疗费、重特大疾病医疗费报销外，个人负担符合规定的费用超过3 000元的，还可按以下规定报销：3 000～5 000元（含5 000元）部分按30%报销；5 000～10 000元（含10 000元）部分按40%报销；10 000～15 000元（含15 000元）部分按50%报销；15 000～50 000元（含50 000元）部分按80%报销；50 000元以上部分按90%报销，没有封顶线。

6. 结算方式 实行“一站式”即时结算，即在本地定点医院住院的参保居民，出院结算时，由基本医疗保险、重特大疾病医疗保险、困难群众重特大疾病补充医疗保险按规定直接报销，个人只需缴纳应由个人负担的费用。参保居民需要到参保地以外医院住院的，要通过参保地具备转诊资格的医院转诊并向参保地医保经办机构登记备案，如果就医的医院是异地就医直接结算的定点医院，可以直接报销住院医疗费用；如果不是，出院结算时个人全额垫付医疗费用，然后持发票和住院病历等到参保地医保经办机构服务大厅办理城乡居民基本医疗保险、大病保险、困难群众大病补充保险报销手续。

2019年（农历己亥年）第19周周历

星期	阳历		农历		天干地支	二十八宿	重要节日和纪念日	记事
	月	日	月	日				
一	5月大	6	四月小	初二	癸卯	毕宿	立夏	
二		7		初三	甲辰	觜宿	世界防治哮喘病日（2000）	
三		8		初四	乙巳	参宿	世界红十字日（1948）	
四		9		初五	丙午	井宿		
五		10		初六	丁未	鬼宿		
六		11		初七	戊申	柳宿		
日		12		初八	己酉	星宿	◐上弦 母亲节（1914） 国际护士节（1912）	

四、基本养老保险政策

新型农村养老保险制度（以下简称为新农保），是国家针对广大农民提出的养老保险制度。

2018年，河南省人力资源和社会保障厅、省财政厅联合出台了《关于建立健全多交多得激励机制完善城乡居民基本养老保险制度的意见》，出台多项惠民政策举措，加大政府对城乡居民养老保险缴费补贴力度，多交多补；增发缴费年限养老金，长交多得；调整城乡居民基本养老保险最低缴费档次，增加个人积累，提高城乡居民养老保障水平。

1. 缴费档次 从2018年1月1日起，河南省城乡居民基本养老保险最低缴费档次调整为每人每年200元，调整后，全省城乡居民基本养老保险每人每年的缴费档次为200元、300元、400元、500元、600元、700元、800元、900元、1 000元、1 500元、2 000元、2 500元、3 000元、4 000元和5 000元，共15个缴费档次。缴费档次实行个人自行选择，鼓励选择较高档次缴费。

2. 缴费补贴 缴费200元政府补贴30元，缴费300元补贴40元，缴费400元补贴50元，缴费500元补贴60元，缴费600元补贴80元，缴费700元补贴100元，缴费800元补贴120元，缴费900元补贴140元，缴费1 000元补贴160元，缴费1 500元补贴190元，缴费2 000元补贴220元，缴费2 500元补贴250元，缴费3 000元补贴280元，缴费4 000元补贴310元，缴费5 000元补贴340元。参保人员当年没有缴费，之后再进行补交的，不享受政府给予的缴费补贴。

3. 特殊群体缴费档次及补贴办法 为进一步助力精准扶贫、脱贫攻坚，对建档立卡未脱贫的贫困人口、低保对象、特困人员等贫困人员（以下统称为贫困人员），以及重度残疾人、长期贫困残疾人等缴费困难群体暂保留每人每年100元的最低缴费档次和政府给予每人每年不低于30元的缴费补贴政策。

2019年（农历己亥年）第20周周历

星期	阳历 月	阳历 日	农历 月	农历 日	天干地支	二十八宿	重要节日和纪念日	记事
一	5月大	13	四月小	初九	庚戌	张宿		
二		14		初十	辛亥	翼宿		
三		15		十一	壬子	轸宿	国际家庭日（1994）	
四		16		十二	癸丑	角宿		
五		17		十三	甲寅	亢宿	国际电信日（1969）世界防治高血压日（1978）	
六		18		十四	乙卯	氐宿	国际博物馆日（1977）	
日		19		十五	丙辰	房宿	○望 中国旅游日（2011）全国助残日（1991）	

贫困人员自主缴费或由县（市、区）政府资助支持其缴纳城乡居民基本养老保险费时，可根据实际情况自行选择缴费档次。对重度残疾人、长期贫困残疾人等缴费困难群体，由县（市、区）政府为其代交最低档次标准的养老保险费。

贫困人员和缴费困难群体缴纳城乡居民基本养老保险费后，按规定享受相应的缴费补贴。

4. 增发缴费年限养老金 自2014年城乡居民基本养老保险制度实施起，对参加城乡居民基本养老保险逐年连续缴费满15年后，再逐年连续缴费的，每多交1年，在领取城乡居民基本养老保险待遇时，每月增发缴费年限养老金3元，随本人养老金发放。参保人员有两个或两个以上连续缴费时段的，以最长缴费时段计算连续缴费年限，按规定享受缴费年限养老金。

原农村社会养老保险折算的缴费年限、原新型农村社会养老保险的缴费年限、原城乡居民社会养老保险试点在2014年之前的缴费年限均不作为计算缴费年限养老金的年限。

五、农村土地政策

1. 土地确权登记颁证 继续按计划推进农村土地承包经营权确权登记颁证和农垦国有土地使用权确权登记发证工作。这次土地确权将建立数据库，实现信息化管理，彻底解决土地归属、地界不清、地块面积不准确等问题，而且土地确权后，将由当地统一发放土地承包经营权证，这样农民土地就有了“身份证”，不仅明确了承包权限，还可以贷款周转，让农民在土地流转后无后顾之忧。

2. 建立农村集体经营性建设用地入市制度 建立农村集体经营性建设用地入市制度，将赋予农村集体经营性建设用地租赁、出让、入股权能，明确入市范围和途径。近年来随着城镇化的发展，由于土地资源有限，在

2019年（农历己亥年）第21周周历

星期	阳历		农历		天干地支	二十八宿	重要节日和纪念日	记事
	月	日	月	日				
一	5月大	20	四月小	十六	丁巳	心宿		
二		21		十七	戊午	尾宿	小满	
三		22		十八	己未	箕宿	国际生物多样性日（2001）	
四		23		十九	庚申	斗宿		
五		24		二十	辛酉	牛宿		
六		25		廿一	壬戌	女宿		
日		26		廿二	癸亥	虚宿		

城镇扩大的过程中，难免涉及城市周边的一些农村，其中农村集体经营性建设用地是入市的需求之一，农村集体经营性建设用地和国有土地同权同价，农民可通过租赁、出让、入股等形式实现保值和增值。

3. 农村宅基地 随着土地的确权，农村土地带来的经济价值日渐增长，而与土地经济最直接的就是宅基地。新的一年起，农村宅基地政策有了新的变化，国家也出台了新的宅基地的补贴方案，具体包括有偿退出宅基地、宅基地抵押贷款和拆迁补偿宅基地等三项政策。有偿退出指拿到确权证书的宅基地可以在获得一定国家补偿的资金后，退出宅基地所有权。宅基地也可以像商品房一样抵押贷款了，当然，前提也是拿到确权证书，根据地段、当地经济等不同指标，银行参与评估抵押贷款额度，这对于需要资金周转的农民来说，可以解决燃眉之急。拆迁补偿作为退出宅基地所有权的补充，在协商同意、农民自愿和知情的情况下，确定合理补偿，才能进行土地征收。有了确权证书，农民就再也不怕拿不到补偿了。

§1.3 传统节日习俗

我国的主要传统节日有春节、元宵节、龙抬头节、清明节、端午节、七夕节、中秋节、重阳节、冬至节、腊八节、祭灶节、除夕。除此之外，河南还有小年、炒面节、牲口节等。

一、春节

春节是我国最盛大、最热闹的一个传统节日，俗称“过年”。按照我国农历，正月初一是“岁之元，月之元，时之元”，是一年的开始。传统的庆祝活动则从除夕一直持续到正月十五元宵节。传说，年兽害怕红色、

2019年（农历己亥年）第22周周历

星期	阳历		农历		天干地支	二十八宿	重要节日和纪念日	记事
	月	日	月	日				
一	5月大	27	四月小	廿三	甲子	危宿	◑下弦	
二		28		廿四	乙丑	室宿		
三		29		廿五	丙寅	壁宿	宋庆龄逝世（1981）	
四		30		廿六	丁卯	奎宿	五卅运动纪念日（1925）	
五		31		廿七	戊辰	娄宿	世界无烟日（1989）	
六	6月小	1		廿八	己巳	胃宿	国际儿童节（1949）	
日		2		廿九	庚午	昴宿		

火光和爆炸声，而且在大年初一出没。所以每到大年初一这天，人们便有了拜年、放爆竹、发红包、穿新衣、吃饺子、舞狮舞龙、逛花市、赏灯会、演社火等习俗。北方地区有吃饺子的习俗，取“更岁交子”之意；而南方有吃年糕的习惯，象征生活步步高。

二、元宵节

农历正月十五，是我国民间传统的元宵节，又称上元节、灯节。元宵之夜，大街小巷张灯结彩，人们赏灯、猜灯谜、吃元宵，成为世代相沿的习俗。

1. 吃元宵 正月十五吃元宵，是在中国由来已久的习俗，元宵即“汤圆”，它的做法、成分、风味各异，但是吃元宵代表的意义却相同，都代表团团圆圆、和和美美，日子越过越红火。俗语有句话叫和气生财，家庭的和睦以及家人的团圆对于一个完整的家庭来讲是非常重要的因素。因此，在元宵节一定要和家人在一起吃“元宵”。

2. 送花灯 元宵节送花灯，其实质意义就是送孩儿灯。即在元宵节前，娘家送花灯给新嫁女儿家，或一般亲友送给新婚未育之家，以求添丁吉兆，因为“灯”与“丁”谐音，表示希望女儿婚后吉星高照、早生贵子，如女儿怀孕，则除大宫灯外，还要送一两对小灯笼，祝愿女儿孕期平安。

3. 猜灯谜 每逢农历正月十五，传统民间都要挂起彩灯，燃放焰火，后来有好事者把谜语写在纸条上，贴在五光十色的彩灯上供人猜。

4. 耍龙灯 也称舞龙灯或龙舞，它的起源可以追溯到上古时代。传说，早在黄帝时期，在一种《清角》的大型歌舞中，就出现过由人扮演的龙头鸟身的形象，其后又编排了六条蛟龙互相穿插的舞蹈场面。

5. 踩高跷 高跷本属我国古代百戏之一种，早在春秋时已经出现。据说踩高跷这种形式，原来是古代人为了采集树上的野果为食，给自己的腿上绑两根长棍而发展起来的一种跷技活动。

2019 年（农历己亥年）第 23 周周历

星期	阳历		农历		天干地支	二十八宿	重要节日和纪念日	记事
	月	日	月	日				
一	6月小	3	五月大	初一	辛未	毕宿	●朔	
二		4		初二	壬申	觜宿		
三		5		初三	癸酉	参宿	世界环境日（1972）	
四		6		初四	甲戌	井宿	芒种 全国爱眼日（1996）	
五		7		初五	乙亥	鬼宿	端午节	
六		8		初六	丙子	柳宿	入梅 中国文化遗产日（2006） 世界海洋日（2009）	
日		9		初七	丁丑	星宿		

三、龙抬头节

农历“二月二”是传统的“龙抬头节”，有“二月二，龙抬头”之说，民间一直有“理发去旧”的风俗。据说在这一天理发能够带来一年的好运。因为民间有“正月不剃头，剃头死舅舅”的说法，所以很多人在腊月理完发后，一个月都不再去光顾理发店，直到“二月二”才解禁。为孩子理发，叫“剃喜头”，借龙抬头之吉时，保佑孩子健康成长，长大后出人头地；大人理发，叫“剃龙头”，辞旧迎新，希望带来好运。有民谚为证：“二月二，龙抬头，孩子大人要剃头。”

四、清明节

清明既是二十四节气之一，又是一个历史悠久的传统节日。清明的前一天称寒食节。两节恰逢阳春三月，春光明媚，桃红柳绿。寒食节的设立是为了纪念春秋时代晋朝“士甘焚死不公侯”的介子推。清明寒食期间，民间有禁火寒食、祭祖扫墓、踏青郊游等习俗。另外，还有荡秋千、放风筝、拔河、斗鸡、戴柳、斗草、打球等传统活动。

五、端午节

农历五月初五，是我国传统的端午节，又称端阳、重五等。早在周朝，就有“五月五日，蓄兰而沐”的习俗。但今天端午节的众多活动都与纪念我国伟大的爱国诗人屈原有关。这一天，家家户户都要吃粽子，南方各地举行龙舟大赛。同时，端午节也是自古相传的“卫生节”，人们在这一天打扫庭院，挂艾枝，悬菖蒲，洒雄黄水，饮雄黄酒，激清除腐，杀菌防病。端午节这天，也是孩子们最欢乐的时候，大人给他们戴上五毒肚兜，穿上黄色绣花鞋，手、脚系上五色彩线，脖子挂上精美漂亮的香囊。

2019年（农历己亥年）第24周周历

星期	阳历		农历		天干地支	二十八宿	重要节日和纪念日	记事
	月	日	月	日				
一	6月小	10	五月大	初八	戊寅	张宿	◐上弦	
二		11		初九	己卯	翼宿	中国人口日（1990）	
三		12		初十	庚辰	轸宿		
四		13		十一	辛巳	角宿		
五		14		十二	壬午	亢宿		
六		15		十三	癸未	氐宿		
日		16		十四	甲申	房宿	父亲节（1972）	

六、七夕节

农历七月初七，是传统的“乞巧节”“七夕情人节”。传说，每年七月初七，天下的喜鹊在银河上搭成一座鹊桥，牛郎和织女才能相见。这个美好的传说始于汉朝，经过千余年的代代相传，已深入人心。这一天，民间有向织女乞巧的习俗，一般是比赛穿针引线，看谁心灵手巧。因此，七夕又叫乞巧节或女儿节。每到七夕将至，牵牛和织女二星都竟夜经天，直至太阳升起才隐退，因而又被喻为人间离别的夫妻相会。

参加乞巧节活动的主要是少女，因此人们又称这天为 “少女节”。河南新乡一带在每年的农历七月初六晚上，当地未出嫁的姑娘七人凑成一组（以应“七夕”之数），每人兑面兑物，为织女准备供品。有的买葡萄、苹果、梨、石榴、桃、西瓜、枣等七样瓜果，有的烙七张油烙馍或糖烙馍，有的包七碗小饺子，还有的做七碗面条汤。除此之外，还要单独包七个大饺子，饺子馅由七样蔬菜做成，里面包有用面做成的七样东西，如针、织布梭、弹花槌、纺花锭、剪刀、蒜瓣或算盘子等。这天晚上，七位姑娘把供品摆在瓜棚下或清静的地方，焚香点纸，跪在月下向织女祈祷，念完祷语后，七个姑娘分吃水果和七碗小饺子。然后把七张油饼和七个大饺子放在竹篮内，挂在椿树上，一齐守夜，看守竹篮子。七月七日清晨，七个姑娘闭眼在竹篮内各摸一个大饺子，谁摸出的饺子内包有针、剪刀等东西，谁就是未来的巧手。在豫北沁阳、孟州等地，每到“七夕”这天，当地的少女按村或乡、县组成小组，每组七人或九人、十一人，进行对歌，小组分成单数，都是为了能够获“巧”，希望本村的对歌组能够取胜。七月七是夫妻相会的日子，经过半年的劳作，这时正是农忙之中的“小闲季节”，三夏大忙过去了，三秋还没有到。能在忙中小休闲，人们不免思念外出的亲人，而出门在外的游子也思念家人，特别是年轻的夫妻，借天上的牛郎、织女相会之说，望鹊桥架起，相会相约，享天伦之

2019年（农历己亥年）第25周周历

星期	阳历		农历		天干地支	二十八宿	重要节日和纪念日	记事
	月	日	月	日				
一	6月小	17	五月大	十五	乙酉	心宿	○望	
二		18		十六	丙戌	尾宿		
三		19		十七	丁亥	箕宿		
四		20		十八	戊子	斗宿	世界难民日（2001）	
五		21		十九	己丑	牛宿	夏至	
六		22		二十	庚寅	女宿		
日		23		廿一	辛卯	虚宿	国际奥林匹克日（1948）	

乐。而还没有成家的青年男女，也借此时机，互表心意。一般男孩邀约女孩并送给丝线、手帕之类。女孩做布鞋、鞋垫赠予男方。对方相中之后，告知家人，父母托媒人提亲。这样的婚嫁成功率极高。

七、中秋节

农历八月十五，是一年秋季的中间，因此称中秋节。中秋之夜，除了赏月、祭月、吃月饼，有些地方还有舞龙、砌宝塔等活动。除月饼外，各种时令鲜果干果也是中秋夜的美食。此夜，人们仰望如玉如盘的明月，自然会期盼家人团聚。远在他乡的游子，也借此寄托自己对故乡和亲人的思念之情。所以，中秋节又称“团圆节”。在河南，有铁塔燃灯、蒸月饼、夜设茶果月饼焚香祭月、面向月亮许愿等习俗。

八、重阳节

农历九月初九，是我国传统的重阳节。古人认为“九”是吉利的数字，把它作为阳数。九月初九，占了两个九字，双阳相重，所以人们都叫它为“重九”或“重阳”。重阳佳节活动极为丰富，有登高、赏菊、喝菊花酒、吃重阳糕、插茱萸等。重阳节又是“老人节”，老年人在这一天或赏菊以陶冶情操，或登高以锻炼体魄。

九、冬至节

冬至是北半球全年中白天最短、黑夜最长的一天，过了冬至，白天就会一天天变长。冬至过后，各地气候都进入一个最寒冷的阶段，也就是人们常说的“进九”，“冷在三九，热在三伏”。冬至在我国古代是一个很隆重的节日，至今我国台湾地区还保存着冬至用九层糕祭祖的传统，北方地区冬至有宰羊、吃饺子的习俗。

2019年（农历己亥年）第26周周历

星期	阳历		农历		天干地支	二十八宿	重要节日和纪念日	记事
	月	日	月	日				
一	6月小	24	五月大	廿二	壬辰	危宿		
二		25		廿三	癸巳	室宿	◑下弦 全国土地日（1991）	
三		26		廿四	甲午	壁宿	联合国宪章日（1945） 国际禁毒日（1987）	
四		27		廿五	乙未	奎宿		
五		28		廿六	丙申	娄宿		
六		29		廿七	丁酉	胃宿		
日		30		廿八	戊戌	昴宿		

十、腊八节

农历腊月初八，是我国汉族传统的腊八节，这一天最重要的活动是吃腊八粥。最早的腊八粥只是在米粥中加入红小豆，后来的腊八粥用八种当年收获的新鲜粮食和瓜果煮成，一般都为甜味粥。而中原地区的许多农家却喜欢吃腊八咸粥，粥内除大米、小米、绿豆、豇豆、花生、大枣等原料外，还要加萝卜、白菜、粉条、海带、豆腐等。

十一、祭灶节

农历腊月二十三，是春节前的一个重要民间节日，人们称它为“祭灶节”，又叫“小年”。每到这个时候，人们按捺不住迎接新年的喜悦心情，停下手中各种活计，忙忙碌碌地例行年前的祭灶送神活动。每到腊月二十三这一天，中原各乡村噼里啪啦地燃放起迎接新年的第一轮鞭炮。城镇居民忙于购买麻糖、火烧等祭灶食品。而在广大农村，祭灶的准备活动和隆重的祭灶仪式便在震耳欲聋的鞭炮声中渐渐拉开了帷幕。祭灶这天除吃灶糖之外，火烧也是很有特色的节令食品。每到腊月二十三祭灶这天，城市中的烧饼摊点生意非常兴隆，人们挤拥不动，争买祭灶火烧；农村大多是自己动手，发面、炕制，一家人热热闹闹，很有过小年的味道。

十二、除夕

除夕又称大年夜、除夕夜、除夜、岁除等，是时值每年农历腊月的最后一个晚上。除夕也就是辞旧迎新、一元复始、万象更新的节日。除夕因常在农历腊月二十九或三十日，故又称该日为大年三十，是中国最重要的传统节日之一。除夕自古就有通宵不眠、守岁、贴春联、贴年画、挂灯笼等习俗，家家户户忙忙碌碌，清扫庭舍，迎祖宗回家过年，并以年糕、三牲奉祀。

2019年（农历己亥年）第27周周历

星期	阳历		农历		天干地支	二十八宿	重要节日和纪念日	记事
	月	日	月	日				
一	7月大	1	五月大	廿九	己亥	毕宿	中国共产党成立纪念日（1921）香港回归祖国纪念日（1997）	
二		2		三十	庚子	觜宿		
三		3	六月小	初一	辛丑	参宿	●朔	
四		4		初二	壬寅	井宿		
五		5		初三	癸卯	鬼宿		
六		6		初四	甲辰	柳宿	朱德逝世（1976）	
日		7		初五	乙巳	星宿	小暑 中国人民抗日战争纪念日（1937）	

十三、小年

农历六月初一，在豫东、豫南和鲁南一带有过小年、过半年的说法。人们把这天当作庆祝丰收、祀求丰年的节日，在屋中、院内、麦场摆上供桌，放上用新麦子磨的面粉蒸的大包子、枣山（馍的一种）等，以及桃、李等五种瓜果，用斗盛满新收的小麦，斗上贴红色的“福”字，然后焚香燃炮，祈求风调雨顺，五谷丰登。之后，吃上一顿饺子或用肉、青菜、粉条、海带做成的“杂烩菜”。

十四、炒面节

农历六月初一过后，六月初六又是一个大节，有的人家干脆把六月初六的活动糅到六月初一来进行。六月初六，民间称“炒面节”“望夏节”“闺女节”等。农村的各家各户，在六月初一至初六期间，都要把出嫁的姑娘接回家，款待后再送回婆家。俗语有“六月六，请姑姑”“六月六，挂锄勾，叫了大姑叫小姑”。在山东枣庄民间有“六月六，晒龙袍”的说法，因为这时进入雨季，阴雨连绵，加上农民房屋低矮简陋，被褥、衣物易潮湿，晒一晒很有必要。人们又不想说自己的衣物破烂，就美其名曰“龙袍”，也图个吉利。还有一种说法，“六月六晒龙袍旱涝40天”。这一天要是晴天，就会40天不下雨，形成旱季；如若这天下大雨，就会40天连阴闹水灾，不见晴天。六月初六这一天，民间也有吃大包子的习俗。

十五、牲口节

农历七月十五，中原农家称这天为“牲口节”，这天有许多敬奉耕牛的活动。在豫北林州等地，家家都要蒸羊羔形的白面馍，供奉在案桌上，然后燃放鞭炮，庆贺槽头兴旺。凡有大牲口的农家，这天都要停止使役一

2019年（农历己亥年）第28周周历

星期	阳历		农历		天干地支	二十八宿	重要节日和纪念日	记事
	月	日	月	日				
一	7月大	8	六月小	初六	丙午	张宿		
二		9		初七	丁未	翼宿	◐上弦 出梅	
三		10		初八	戊申	轸宿		
四		11		初九	己酉	角宿	世界人口日（1990） 中国航海日（2005）	
五		12		初十	庚戌	亢宿	初伏	
六		13		十一	辛亥	氐宿		
日		14		十二	壬子	房宿		

天，把供奉后的羊羔馍送给大牲口吃，也有给牲口喂豆等精饲料的，以显示牲口节与平时不同。晚上，他们还要做一锅米汤给牲口喝。中原是农耕地区，大牲畜是家家耕地的主要“劳力”，秋耕又是牲口最繁重的劳动，人们把农历七月十五专门奉为“牲口节”，可见牲畜在人们生产生活中的重要性。

十六、丰收节

丰收节，是世界各地人民庆祝丰收的节日，在中国汉族及大部分少数民族中为农历十月初十。在中国畲族等部分少数民族中为农历八月十五。2018年6月21日，国务院关于同意设立“中国农民丰收节”的批复发布，同意自2018年起，将每年农历秋分设立为“中国农民丰收节”。2018年“中国农民丰收节”为阳历9月23日。这是首个在国家层面专为农民设立的节日。在金秋时节共庆丰收，是五谷丰登、国泰民安的生动体现，也是对农民辛勤劳作的崇高礼赞。丰昌酬汗水，岁晏酒飘香。发挥农民主体作用，汇聚乡村振兴力量，愿神州大地上所有的奋斗与汗水，化为丰收的杯盏与锣鼓。

在中国，农历十月初十是传统的丰收节。主要是庆祝一年的丰收，祭祀丰收神“炎帝神农氏”。中国民间认为农历双十节是“十全十美”的吉日，在这一天登记、结婚的人更被认为是“十全十美婚”。每年在丰收节这一天，家里外出打工的子女都必须回来过节，出嫁女也会带着女婿和小孩一起回娘家过节。特别是家中有老人的，做子女的更要回来过节。村民还喜欢带朋友一起回来过节，哪家的人回来得齐、来的朋友多，就证明那一家人最团结、和睦，人缘最好。每年农历的十月初十当天，正处在秋收后农闲时，不用通知，客人都自然前来欢聚，即使是路过的陌生人，也可以入屋参加宴席。节日当天早晨，家家户户都做五六千克重的油糍和白糍，准备送给客人，并杀鸡宰鸭，炒好鱼、肉，中午时分，酒肉上台，亲

2019 年（农历己亥年）第 29 周周历

星期	阳历		农历		天干地支	二十八宿	重要节日和纪念日	记事
	月	日	月	日				
一	7月大	15	六月小	十三	癸丑	心宿		
二		16		十四	甲寅	尾宿		
三		17		十五	乙卯	箕宿	○望	
四		18		十六	丙辰	斗宿		
五		19		十七	丁巳	牛宿		
六		20		十八	戊午	女宿		
日		21		十九	己未	虚宿		

朋好友从四面八方汇聚，人们边吃边谈论今年丰收的景象，大家都沉浸在一片丰收的喜悦之中。离去时，主人还给每个客人包上几只油糍、白糍带回家，让家人分享丰收的喜悦。晚上，青年男女还进行山歌对唱，通宵达旦，热闹非凡。

农业谜语谜底

一、猜字谜底

1.米 2.织 3.根 4.禾 5.棉 6.土 7.田 8.林 9.泵 10.麻 11.冰 12.羊 13.垄 14.柚 15.兽 16.肉 17.奶 18.花 19.尺 20.锄 21.果 22.课 23.渔 24.农 25.庄 26.树 27.瓜 28.水 29.雷 30.菇

二、猜农作物谜底

1. 玉米 2. 麦子 3. 谷子 4. 水稻 5. 红薯 6. 高粱 7. 大豆 8. 向日葵 9. 棉花 10. 花生 11. 洋葱 12. 辣椒 13. 烟叶 14. 茶叶 15. 蓖麻 16. 葫芦 17. 板栗树 18. 核桃 19. 蒜 20. 西瓜 21. 香蕉 22. 莲藕 23. 南瓜 24. 芝麻 25. 木耳 26. 桃子 27. 栗子 28. 猕猴桃 29. 竹笋 30. 葱

三、猜动物谜底

1. 猪 2. 蝴蝶 3. 麻雀 4. 马 5. 奶牛 6. 知了 7. 田螺 8. 鹅 9. 蜻蜓 10. 驴 11. 狗 12. 公鸡 13. 蜜蜂 14. 蚊子 15. 羊 16. 苍蝇 17. 鱼 18. 蜗牛 19. 燕子 20. 蜘蛛 21. 蟋蟀 22. 猫头鹰 23. 老鼠 24. 青蛙 25. 螳螂 26. 蚯蚓 27. 鸭子 28. 蟾蜍 29. 蝌蚪 30. 啄木鸟

四、猜农机或农具谜底

1. 抽水机 2. 脱粒机 3. 扬场机 4. 喷雾器 5. 铡草刀 6. 水车 7. 风车 8. 扁担 9. 锄头 10. 犁 11. 拖拉机 12. 插秧机 13. 推土机 14. 机耕船 15. 石磨 16. 背篓 17. 轧棉机 18. 喷灌机 19. 牛鼻栓 20. 耙 21. 打井机 22. 挖土机 23. 筛子 24. 饲料粉碎机 25. 打谷机 26. 抽水机 27. 磨刀石 28. 碾米机 29. 扁担 30. 镰刀

五、猜农业用语谜底

1.中耕 2.轮作 3.返青 4.打春 5.早熟 6.积肥 7.稳产 8.免耕法 9.经济作物 10. 春旱 11. 高产 12. 点播 13. 单产 14. 除草 15. 杂交 16. 农忙 17. 嫁接 18. 光照 19. 茂果（硫代磷酸酯） 20. 收割 21. 拔节 22. 扬花期 23. 乐果 24. 松土 25. 表面肥 26. 花插 27. 雄性不育 28. 飞机降雨 29. 飞机治虫 30. 梯田

第二部分 农民篇

§2.1 新型职业农民

一、新型职业农民的内涵

实施乡村振兴战略，只有破解人才瓶颈，让越来越多的农民在生产上有能力、在经营上有办法、在精神上有追求，成为真正的新型职业农民，乡村发展才会更加生机勃勃。

新型职业农民是以农业为职业、具有相应的专业技能、收入主要来自农业生产经营并达到相当水平的现代农业从业者。习近平总书记在参加第十三届全国人民代表大会四川代表团审议时指出："就地培养更多爱农业、懂技术、善经营的新型职业农民。"

1. 爱农业 爱农业是新型职业农民的首要特征。新型职业农民要具有深厚的农业情怀、农村情结；要刻苦钻研，积累经验，提高水平；要承担起社会责任，对消费者负责，对环境、对后代负责，促进农业的可持续发展。

2. 懂技术 懂技术是新型职业农民的必备素养。新型职业农民必须掌握科学种养技术，具备使用农业机械等现代装备的能力。

3. 善经营 善经营是现代农业对新型职业农民的新要求。新型职业农民要善于把科技和产业融合在一起，做农业供给侧改革的参与者和推动者，成为农业转型升级的新生力量。新型职业农民要善于思考，在经营中创新，用自己的智慧把互联网科技融入农业中，实现智慧农业；把品牌意识带到农产品中，实现品牌农业。

4. 会组织 新型职业农民还要具备示范、组织和服务能力，发挥传导市场信息、运用新型科技的载体作用，把分散的农户组织起来，提高全要素生产率，善领一方群众脱贫致富。

2019年（农历己亥年）第30周周历

星期	阳历		农历		天干地支	二十八宿	重要节日和纪念日	记事
	月	日	月	日				
一	7月大	22	六月小	二十	庚申	危宿	中伏	
二		23		廿一	辛酉	室宿	大暑	
三		24		廿二	壬戌	壁宿		
四		25		廿三	癸亥	奎宿	◑下弦	
五		26		廿四	甲子	娄宿		
六		27		廿五	乙丑	胃宿		
日		28		廿六	丙寅	昴宿		

二、新型职业农民的特征

1. 以市场为主体 传统农业主要追求维持生计，而作为现代农业生产的新生力量与领军群体，新型职业农民是提供商品农产品的主体，更加强调以市场为导向，灵活运用市场运作机制，追求自身经济利益的最大化，从而实现现代农业生产经营方式的变革。新型职业农民具有较强的开放性和流动性，倾向于根据市场需求发展农业商品化生产，并控制生产规模，围绕提供农业产品和服务组织开展生产经营活动，形成产前、产中到产后的产业链条。

2. 具有高度的稳定性 新型职业农民必须热爱农业，把农业作为终身职业，扎根农村，献身农业。

3. 具有高度的社会责任感和现代观念 新型职业农民不仅要求有文化、懂技术、会经营，还要求其对生态、环境、社会和后人承担责任。

三、新型职业农民的类型

新型职业农民具体分为生产经营型、专业技能型以及社会服务型三种。

1.“生产经营型”新型职业农民 是指以家庭生产经营为基本单元，充分依靠农村社会化服务，开展规模化、集约化、专业化和组织化生产的新型生产经营主体。主要包括专业大户、家庭农场主、专业合作社带头人等。

2.“专业技能型”新型职业农民 是指在农业企业、专业合作社、家庭农场、专业大户等新型生产经营主体中，专业从事某一方面生产经营活动的骨干农业劳动力。主要包括农业工人、农业雇员等。

3.“社会服务型”新型职业农民 是指在经营性服务组织中或个体从事农业产前、产中、产后服务的农业社会化服务人员，主要包括跨区作业

2019年（农历己亥年）第31周周历

星期	阳历		农历		天干地支	二十八宿	重要节日和纪念日	记事
	月	日	月	日				
一	7月大	29	六月小	廿七	丁卯	毕宿		
二		30		廿八	戊辰	觜宿		
三		31		廿九	己巳	参宿		
四	8月大	1	七月小	初一	庚午	井宿	●朔 中国人民解放军建军节（1933）	
五		2		初二	辛未	鬼宿		
六		3		初三	壬申	柳宿		
日		4		初四	癸酉	星宿		

农机手、专业化防治植保员、村级动物防疫员、沼气工、农村经纪人、农村信息员及全科农技员等。

四、新型职业农民队伍的发展

2012年，中央一号文件首次提出了“大力培育新型职业农民”。“新型职业农民”概念的提出，意味着“农民”是一种自由选择的职业，它有利于劳动力资源在更大范围内的优化配置，有利于农业、农村的可持续发展和城乡融合发展，更能激发群众的积极性和创造性。随着现代农业的发展和农民教育培训工作的开展，一大批新型职业农民快速成长，一批高素质的青年农民正在成为专业大户、家庭农场主、农民合作社领办人和农业企业骨干，一批进城务工人员、中高等院校毕业生、退役军人、科技人员等加入到新型职业农民队伍，工商资本进入农业领域，“互联网+”现代农业等新业态催生一批新农民，新型职业农民正逐步成为适度规模经营的主体，为现代农业发展注入新鲜血液。

五、培育新型职业农民的重大意义

1. 培育新型职业农民是解决“谁来种地”问题的根本途径 随着新型工业化和城镇化进程的加快，大量农村青壮年劳动力进城务工就业，务农劳动力数量大幅减少，“兼业化、老龄化、低文化”的现象十分普遍。很多地方务农劳动力平均年龄超过50岁，文化程度以小学及以下为主，农村的地谁来种、怎样种的问题成为现实难题。所以，迫切需要培养新型职业农民，吸引一大批年轻人务农创业，形成一支高素质农业生产经营者队伍，把科技和现代因素融入进去，更好地促进现代农业的发展。

2. 培育新型职业农民是加快农业现代化建设的战略任务 现代农业发展关键在人，培育新型职业农民就是培育中国农业的未来。农业现代化要取得明显进展，构建现代农业产业体系、生产体系、经营体系，走产出高

2019年（农历己亥年）第32周周历

星期	阳历		农历		天干地支	二十八宿	重要节日和纪念日	记事
	月	日	月	日				
一	8月大	5	七月小	初五	甲戌	张宿	恩格斯逝世（1895）	
二		6		初六	乙亥	翼宿		
三		7		初七	丙子	轸宿	七夕节	
四		8		初八	丁丑	角宿	立秋 ◐上弦 中国父亲节（1945）	
五		9		初九	戊寅	亢宿		
六		10		初十	己卯	氐宿		
日		11		十一	庚辰	房宿		

效、产品安全、资源节约、环境友好的道路，确保国家粮食安全和重要农产品有效供给，提高农业国际竞争力，迫切需要把农业发展方式转到依靠科技进步和提高劳动者素质上来，加快培养一批综合素质好、生产技能强、经营水平高的新型职业农民。

3. 培育新型职业农民是实施乡村振兴战略的重要保障 实施乡村振兴战略的主体是农民，受益者也是农民，没有农民素质的提升，就不会有乡村的振兴。发展现代农业是实施乡村振兴战略的重中之重，推进农业供给侧结构性改革离不开农民自身的发展，迫切需要大力培育适应乡村振兴发展需求的新型职业农民，提高农民的科学文化素质和生产经营能力；迫切需要吸引一批进城务工人员、中高等院校毕业生、退役军人、科技人员等到农村创新创业，带动资金、技术、管理等要素流向农村，发展新产业新业态，增强农村发展活力，繁荣农村经济，让新型职业农民在乡村振兴战略中发挥出应有的作用，做出贡献。

4. 培育新型职业农民是全面建成小康社会的重大举措 全面建成小康社会，最艰巨最繁重的任务在农村，重点难点在农民。农村全面小康，关键是要促进农民收入持续增长。目前，迫切需要培育一支创新创业能力强的新型职业农民队伍，推动农村产业转型升级，发挥示范带动作用，促进贫困农民增收致富，确保农村不拖全面小康的后腿。

六、如何培育新型职业农民

全国新型职业农民培育发展规划提出，以提高农民、扶持农民、富裕农民为方向，以吸引年轻人务农、培养职业农民为重点，通过培训提高一批、吸引发展一批、培育储备一批，加快构建新型职业农民队伍，到2020年全国新型职业农民总量超过2 000万人。

1. 广泛开展大众化普及性培训 针对农业生产和农民科技文化需求，以农业实用技术为重点，充分利用广播、电视、互联网等媒体手段，将新

2019年（农历己亥年）第33周周历

星期	阳历		农历		天干地支	二十八宿	重要节日和纪念日	记事
	月	日	月	日				
一	8月大	12	七月小	十二	辛巳	心宿		
二		13		十三	壬午	尾宿		
三		14		十四	癸未	箕宿		
四		15		十五	甲申	斗宿	○望 中元节 牲口节 日本投降日（1945）	
五		16		十六	乙酉	牛宿		
六		17		十七	丙戌	女宿		
日		18		十八	丁亥	虚宿		

品种、新技术、新信息，以及党的强农富民政策、农民喜闻乐见的健康娱乐文化，编辑成多媒体教学资源送进千家万户，送到田间地头；组织专家教授、农技推广人员、培训教师等，将关键农时、关键生产环节的关键技术集成化、简单化，编辑成好看、易懂的“明白纸”，综合运用现场培训、集中办班、入户指导、田间咨询等多种方式，宣传普及先进农业实用技术，提高农民整体素质，使广大职业农民的知识和能力在日积月累中不断提高。

2. 大力开展系统性职业技能培训 依托新型职业农民培育工程，以规模化、集约化、专业化、标准化生产技术，以及农业生产经营管理、市场营销等知识和技能为主要内容，对广大青壮年农民、应往届毕业生免费开展系统的职业技能培训，使其获得职业技能鉴定证书或绿色证书。对有一定产业基础、文化水平较高、有创业愿望的农民开展创业培训，并通过系统技术指导、政策扶持和跟踪服务，帮助他们增强创业意识，掌握创业技巧，提高创业能力，不断发展壮大新型职业农民队伍。

3. 大力推进送教下乡活动 采取进村办班、半农半读等多种形式，将学生上来学变为老师下去教，吸引留乡务农农民，使广大农民特别是村组干部、经纪人、种养大户以及农村青年在家门口就地就近接受正规化职业教育。

§ 2.2 社会主义核心价值观

一、富强、民主、文明、和谐

“富强、民主、文明、和谐”是我国社会主义现代化国家的建设目标，也是从价值目标层面对社会主义核心价值观基本理念的凝练。“富

2019年（农历己亥年）第34周周历

星期	阳历		农历		天干地支	二十八宿	重要节日和纪念日	记事
	月	日	月	日				
一	8月大	19	七月小	十九	戊子	危宿	中国医师节（2017）	
二		20		二十	壬丑	室宿		
三		21		廿一	庚寅	壁宿		
四		22		廿二	辛卯	奎宿	邓小平诞辰（1904）	
五		23		廿三	壬辰	娄宿	处暑 ◐下弦	
六		24		廿四	癸巳	胃宿		
日		25		廿五	甲午	昴宿		

强”，即国富民强，是社会主义现代化国家经济建设的必然要求，是中华民族梦寐以求的夙愿，也是国家繁荣昌盛、人民幸福安康的物质基础；“民主”，是人类社会的美好追求，我们追求的是人民的民主，它是社会主义的生命，也是创造人民美好幸福生活的政治保障；“文明”，是社会进步的重要标志，也是社会主义国家的重要特征，是实现中华民族伟大复兴的重要支撑；“和谐”，是中华传统文化的基本理念，集中体现了学有所教、劳有所得、病有所医、老有所养、住有所居，是社会主义现代化国家在社会建设领域的价值诉求，是经济社会稳定、持续健康发展的重要保证。

二、自由、平等、公正、法治

“自由、平等、公正、法治”是对美好社会的生动表述，也是从社会层面对社会主义核心价值观基本理念的凝练。“自由”，是指人的意志自由，存在和发展的自由，是人类社会的美好向往，也是马克思主义追求的社会价值目标；“平等”，指的是公民在法律面前一律平等，其价值取向是不断实现实质平等，它要求尊重和保障人权，人人依法享有平等参与、平等发展的权利；“公正”，即社会公平和正义，它以人的解放、人的自由平等权利的获得为前提，是国家、社会应有的根本价值理念，它要求政治、法律上的公平正义，任何阶级和集团都不能享有特权；“法治”，是治国理政的基本方式，依法治国是社会主义民主政治的基本要求，它通过法制建设来维护和保障公民的根本利益，是实现自由平等、公平正义的制度保证。

三、爱国、敬业、诚信、友善

“爱国、敬业、诚信、友善”是公民基本道德规范，是从个人行为层面对社会主义核心价值观基本理念的凝练。它覆盖社会道德生活的各个

2019年（农历己亥年）第35周周历

星期	阳历		农历		天干地支	二十八宿	重要节日和纪念日	记事
	月	日	月	日				
一	8月大	26	七月小	廿六	乙未	毕宿		
二		27		廿七	丙申	觜宿		
三		28		廿八	丁酉	参宿		
四		29		廿九	戊戌	井宿		
五		30	八月大	初一	己亥	鬼宿	●朔	
六		31		初二	庚子	柳宿		
日	9月小	1		初三	辛丑	星宿	全民健康生活方式日（2007）	

领域，是公民必须恪守的基本道德准则，也是评价公民道德行为选择的基本价值标准。“爱国”，是基于个人对自己祖国依赖关系的深厚情感，也是调节个人与祖国关系的行为准则，它同社会主义紧密结合在一起，要求人们以振兴中华为己任，促进民族团结、维护祖国统一、自觉报效祖国；“敬业”，是对公民职业行为准则的价值评价，要求公民忠于职守、克己奉公、服务人民、服务社会，充分体现了社会主义职业精神；“诚信”，即诚实守信，是人类社会千百年传承下来的道德传统，也是社会主义道德建设的重点内容，它强调做人要诚实劳动、信守承诺、诚恳待人；“友善”，是人们和睦相处的一种道德行为，强调公民之间应互相尊重、互相关心、互相帮助，和睦友好，努力形成社会主义的新型人际关系。

§2.3 农民权益保护

一、宅基地使用权

1.宅基地使用权 宅基地使用权指的是农村集体经济组织的成员依法享有的在农民集体所有的土地上建造个人住宅的权利。《中华人民共和国物权法》规定，宅基地使用权人依法对集体所有的土地享有占有和使用的权利，有权利用该土地建造住宅及其附属设施。

宅基地使用权人对宅基地享有占有权、使用权、收益权和有限制的处分权，即权利人有权自主利用该土地建造住房及其附属设施，以及将房屋连同宅基地一同转让、出租。农村村民一户只能拥有一处宅基地，其面积不得超过省、自治区、直辖市规定的标准。

宅基地的初始取得是无偿的。

2.宅基地使用权人的权利与义务 宅基地使用权人对宅基地享有如下权

2019年（农历己亥年）第36周周历

星期	阳历		农历		天干地支	二十八宿	重要节日和纪念日	记事
	月	日	月	日				
一	9月小	2	八月大	初四	壬寅	张宿		
二		3		初五	癸卯	翼宿	抗日战争胜利纪念日（2014）	
三		4		初六	甲辰	轸宿		
四		5		初七	乙巳	角宿		
五		6		初八	丙午	亢宿	◐上弦	
六		7		初九	丁未	氐宿		
日		8		初十	戊申	房宿	白露 国际扫盲日（1966）	

利，并承担一定的义务：

（1）占有和使用宅基地：宅基地使用权人有权占有宅基地，并在宅基地上建造个人住宅，以及与居住生活相关的附属设施。

（2）收益和处分：宅基地使用权人有权获得因使用宅基地而产生的收益，如在宅基地空闲处种植果树等经济作物而产生的收益。

（3）宅基地使用权的消灭与分配：宅基地因自然灾害等原因灭失的，宅基地使用权消灭。对没有宅基地的村民，应当重新分配宅基地。

（4）宅基地使用权的取得具有无偿性、福利性，申请取得宅基地使用权后，满两年未建设房屋的或房屋坍塌、拆除两年以上未恢复使用的，其宅基地使用权由集体经济组织无偿收回。宅基地使用权人因迁移等原因停止使用土地的，农村集体经济组织有权收回宅基地，消灭原设定的使用权。

3. 宅基地使用权的消失

（1）因放弃而消失：农村村民取得宅基地使用权是无偿的，随时可以放弃，放弃宅基地使用权的，宅基地使用权消失，但应当事先办理注销登记手续。

（2）因转让而消失：转让宅基地使用权，原来的使用权人就会丧失对该宅基地的使用权。宅基地使用权人出卖、出租住房后，再申请宅基地的，土地管理部门将不再批准。并且，宅基地使用权的受让人只限于本集体经济组织的成员。

（3）因撤销而消失：申请取得宅基地使用权的村民，必须按照规定的用途利用宅基地，擅自改变宅基地的用途，农村集体经济组织有权撤销宅基地使用权，村民从而就会丧失宅基地使用权。

（4）因农村集体经济组织收回而消失：根据《中华人民共和国土地管理法》的规定，为建设乡（镇）村公共设施和公益事业，农村集体经济组织报经县级人民政府批准，有权收回村民的宅基地。但是，原来具有宅基地使用权的村民有请求重新分配或相应损失补偿的权利。

2019年（农历己亥年）第37周周历

星期	阳历		农历		天干地支	二十八宿	重要节日和纪念日	记事
	月	日	月	日				
一	9月小	9	八月大	十一	己酉	心宿	毛泽东逝世（1976）	
二		10		十二	庚戌	尾宿	中国教师节（1985）	
三		11		十三	辛亥	箕宿		
四		12		十四	壬子	斗宿		
五		13		十五	癸丑	牛宿	中秋节	
六		14		十六	甲寅	女宿	○望	
日		15		十七	乙卯	虚宿	世界防治淋巴瘤日（2004）	

二、土地承包经营权

1. 土地承包经营权 落实农村土地承包关系稳定并长久不变政策，衔接落实好第二轮土地承包到期后再延长30年的政策，让农民吃上长效“定心丸”。全面完成土地承包经营权确权登记颁证工作，实现承包土地信息联通共享。完善农村承包地“三权分置”制度，在依法保护集体土地所有权和农户承包权的前提下，平等保护土地经营权。农村承包土地经营权可以依法向金融机构融资担保、入股从事农业产业化经营。

2. 土地承包经营权流转 推动土地经营权规范有序流转，要切实尊重农民的意愿，按照依法自愿有偿的原则，引导农民以多种方式流转承包土地的经营权。土地承包经营权属于农民，土地是否流转、价格如何确定、形式如何选择，应由承包农户自主确定，流转收益应归承包农户所有。流转期限应由流转双方在法律规定的范围内协商确定。没有农户的书面委托，农村基层组织无权以任何方式决定流转农户的承包地，更不能以少数服从多数的名义，将整村整组农户承包地集中对外招商经营。

3. 土地承包经营纠纷的调解与仲裁

（1）可申请调解仲裁的六种情况:《农村土地承包经营纠纷调解仲裁法》规定，以下六种情形的农村土地承包经营纠纷可申请调解和仲裁：一是因订立、履行、变更、解除和终止农村土地承包合同发生的纠纷；二是因农村土地承包经营权转包、出租、互换、转让、入股等流转发生的纠纷；三是因收回、调整承包地发生的纠纷；四是因确认农村土地承包经营权发生的纠纷；五是因侵害农村土地承包经营权发生的纠纷；六是法律、法规规定的其他农村土地承包经营纠纷。

（2）调节的流程：当事人申请农村土地承包经营纠纷调解可以书面申请，也可以口头申请。

村民委员会或者乡（镇）人民政府充分听取当事人对事实和理由的陈

2019年（农历己亥年）第38周周历

星期	阳历		农历		天干地支	二十八宿	重要节日和纪念日	记事
	月	日	月	日				
一	9月小	16	八月大	十八	丙辰	危宿		
二		17		十九	丁巳	室宿		
三		18		二十	戊午	壁宿		
四		19		廿一	己未	奎宿		
五		20		廿二	庚申	娄宿	全国爱牙日（1989）	
六		21		廿三	辛酉	胃宿	国际和平日（2001）	
日		22		廿四	壬戌	昴宿	◑下弦 国际聋人节（1957）	

述，讲解有关法律以及国家政策，耐心疏导，帮助当事人达成协议。

经调解达成协议的，村民委员会或者乡（镇）人民政府应当制作调解协议书。调解协议书由双方当事人签名、盖章或者按指印，经调解人员签名并加盖调解组织印章后生效。

仲裁庭对农村土地承包经营纠纷应当进行调解，调解达成协议的，仲裁庭应当制作调解书；调解不成的，应当及时做出裁决。

三、土地征收与补偿

农民的土地被征收时享有以下权利。

1. 土地所有权及使用权 维护农民集体土地所有权和农民土地承包经营权不受违法行为的侵害。

2. 预征知情权 在征地依法报批前，政府应将预征收土地的用途、位置、补偿标准、安置途径告知被征地农民。

3. 参与报批权 被征地农民知情、确认的有关材料是各级政府在征地报批时的必备材料。

4. 批复结果知情权 土地征收批复文件下达后10日内，人民政府应将批复结果向被征收土地的农民进行公告。

5. 土地补偿知情权 土地补偿征收公告后45日内，由国土资源局对土地补偿、安置方案进行公告。

6. 补偿方案听证权 对征地补偿、安置方案有不同意见的或者要求举行听证会的，应当在征地补偿、安置方案公告之日起10个工作日内向有关市、县人民政府土地行政主管部门提出。

四、村民自治

2018年，中央一号文件指出，要深化村民自治实践。推动村党组织书记通过选举担任村委会主任。发挥自治章程、村规民约的积极作用。全

2019年（农历己亥年）第39周周历

星期	阳历		农历		天干地支	二十八宿	重要节日和纪念日	记事
	月	日	月	日				
一	9月小	23	八月大	廿五	癸亥	毕宿	秋分 中国农民丰收节（2018）	
二		24		廿六	甲子	觜宿		
三		25		廿七	乙丑	参宿	鲁迅诞辰（1881）	
四		26		廿八	丙寅	井宿		
五		27		廿九	丁卯	鬼宿	世界旅游日（1979）	
六		28		三十	戊辰	柳宿	孔子诞辰（公元前551）	
日		29	九月小	初一	己巳	星宿	●朔 世界心脏日（2000）	

面建立健全村务监督委员会，推行村级事务阳光工程。依托村民会议、村民代表会议、村民议事会、村民理事会、村民监事会等，形成民事民议、民事民办、民事民管的多层次基层协商格局。在村庄普遍建立网上服务站点，逐步形成完善的乡村便民服务体系。大力培育服务性、公益性、互助性农村社会组织，积极发展农村社会工作和志愿服务。维护村民委员会、农村集体经济组织、农村合作经济组织的特别法人地位和权利。

§2.4 农家常识

一、农产品质量安全

农产品质量安全是指农产品的质量符合保障人的健康、安全的要求。农产品质量既包括涉及人体健康、安全等安全性要求，也包括涉及产品的营养成分、口感、色香味等品质指标的非安全性要求。

1. 农产品质量不安全的来源

（1）物理性污染：如人工或机械等因素在农产品中混入杂质，或农产品因辐射导致放射性污染。

（2）化学性污染：如使用禁用农药，或过量使用农药、兽药、添加剂等造成的残留。

（3）生物性污染：如致病性细菌、病毒及某些毒素造成的污染。

（4）环境污染：如灌溉水、土壤、大气中的重金属超标等。

2. "三品一标"农产品 "三品"指的是无公害农产品、绿色食品、有机食品；"一标"指的是农产品地理标志。

（1）无公害农产品：是指产地环境、生产过程和产品质量符合国家有关标准和规范的要求，经认证合格获得认证证书并使用无公害农产品标志

2019年（农历己亥年）第40周周历

星期	阳历		农历		天干地支	二十八宿	重要节日和纪念日	记事
	月	日	月	日				
一	9月小	30	九月小	初二	庚午	张宿	国际翻译日（1991） 中国烈士纪念日（2014）	
二	10月大	1		初三	辛未	翼宿	国庆节（1949） 国际老年人日（1991）	
三		2		初四	壬申	轸宿		
四		3		初五	癸酉	角宿		
五		4		初六	甲戌	亢宿	世界动物日（1931）	
六		5		初七	乙亥	氐宿		
日		6		初八	丙子	房宿	◐上弦	

的未经加工或初加工的食用农产品。

（2）绿色食品：是指遵循可持续发展原则，按特定生产方式生产的，经专门机构认定的，许可使用绿色食品标志商标的无污染、安全、优质、营养类食品。绿色食品分为两级，即A级绿色食品和AA级绿色食品，AA级与有机食品要求基本相同。

（3）有机食品：是指根据有机农业原则，生产过程中绝对禁止使用人工合成的农药、化肥、色素等化学物质和采用对环境无害的方式生产、销售过程受专业认证机构全程监控，通过独立认证机构认证并颁发证书，销售总量受控制的一类真正纯天然、高品味、高质量的食品。

（4）农产品地理标志：是指标示农产品来源于特定地域，产品品质和相关特征主要取决于自然生态环境和历史人文因素，并以地域名称冠名的特有农产品标志。

3. 禁止销售的农产品 《中华人民共和国农产品质量安全法》规定，有下列情形之一的农产品，不得销售：一是含有国家禁止使用的农药、兽药或者其他化学物质的；二是农药、兽药等化学物质残留或者含有的重金属等有毒有害物质不符合农产品质量安全标准的；三是含有的致病性寄生虫、微生物或者生物毒素不符合农产品质量安全标准的；四是使用的保鲜剂、防腐剂、添加剂等材料不符合国家有关强制性技术规范的；五是其他不符合农产品质量安全标准的。

4. 科学合理使用农药 使用化学农药防治病、虫、草、鼠害，是夺取农业丰收的重要措施。但是，如果使用不当，就会污染环境和农畜产品，甚至造成人、畜中毒或死亡。在生产中要严格遵守农药安全使用规则，杜绝使用违禁农药，遵循农药安全间隔期，做好安全防护措施，尽量减少用药。

（1）安全用药：

①配药：配药时，配药人员要戴胶皮手套、口罩等防护衣物，必须用量具按照规定的剂量取药液或药粉，不得任意增加用量，严禁用手拌药。

②拌种：拌种时，要用工具搅拌，用多少，拌多少，药剂拌过的种子尽

2019年（农历己亥年）第41周周历

星期	阳历		农历		天干地支	二十八宿	重要节日和纪念日	记事
	月	日	月	日				
一	10月大	7	九月小	初九	丁丑	心宿	重阳节	
二		8		初十	戊寅	尾宿	寒露 全国防治高血压病日（1998）	
三		9		十一	己卯	箕宿	世界邮政日（1984）	
四		10		十二	庚辰	斗宿	辛亥革命纪念日（1912） 世界精神卫生日（1992）	
五		11		十三	辛巳	牛宿		
六		12		十四	壬午	女宿	世界60亿人口日（1999）	
日		13		十五	癸未	虚宿	世界防治血栓病日（2014）	

量用机具播种。如手播或点种时，必须戴防护手套，以防皮肤吸收中毒。剩余的种子应销毁，千万不可用作口粮或饲料。配药和拌种应选择远离饮用水源、居民点的安全地方，要由专人看管，严防农药、毒种丢失或被人和畜禽误食。

③喷药：使用手动喷雾器喷药时应隔行喷。手动和机动药械均不能左右两边同时喷。大风和中午高温时应停止喷药。药桶内药液不能装得过满，以免晃出桶外，污染喷药人员的身体。喷药时必须戴防毒口罩，穿长袖上衣、长裤和鞋、袜，禁止吸烟、喝水、吃东西、用手擦嘴脸和眼睛。喷药结束后，要及时更换衣物，冲洗、洁净手脸等易暴露部位，同时将喷雾器清洗干净，安全保管。清洗药械的污水应选择安全地点妥善处理，不准随地泼洒，防止污染饮用水源和养鱼池塘。盛过农药的包装物品，不准用于盛粮食、油、酒、水和饲料。装过农药的空箱、瓶、袋等要集中处理。浸种用过的容器一定要清洗干净并保管好。

（2）预防农药残留超标：农药残留是指在农业生产中施用农药后，一部分农药直接或间接残存于谷物、蔬菜、果品、畜产品、水产品，以及土壤和水体中的现象。预防农药残留超标应做到以下几点：

①掌握使用剂量：不同的农药使用的剂量不同，同一种农药在不同的防治时期用药量也是不一样的。各种农药对防治对象的用量都是经过技术部门试验后确定的，在使用选定的农药时，不能随意增加药量，或者增加用药次数；否则，不仅造成农药的浪费，还会产生药害，导致作物特别是蔬菜农药残留。在用药时，要根据防治对象，选择最合适的农药品种，掌握防治的最佳用药时机；同时，还要严格掌握农药使用标准，既保证防治效果，又降低农药残留。

②交替轮换用药：多次重复地使用一种农药，不仅药效差，而且容易导致病虫对药物产生抗性。如果农作物病虫草害发生严重，需多次使用农药时，也应该轮换交替使用不同作用机制的药剂，以避免和延缓病虫对药物产生抗性，而且还可以有效地防止农药残留超标。

2019年（农历己亥年）第42周周历

星期	阳历		农历		天干地支	二十八宿	重要节日和纪念日	记事
	月	日	月	日				
一	10月大	14	九月小	十六	甲申	危宿	○望 世界标准日（1969）	
二		15		十七	乙酉	室宿	国际盲人节（1984）	
三		16		十八	丙戌	壁宿	世界粮食日（1981）	
四		17		十九	丁亥	奎宿		
五		18		二十	戊子	娄宿		
六		19		廿一	己丑	胃宿	鲁迅逝世（1936）	
日		20		廿二	庚寅	昴宿	世界防治骨质疏松病日（1996）	

③掌握安全间隔期：安全间隔期是指最后一次使用农药距离收获时的时间。不同农药由于其稳定性和使用量的不同，都会有不同的间隔期要求。间隔时间越短，农药降解越不充分，就越容易造成残留超标。如防治麦类蚜虫用50%的抗蚜威，每季最多使用2次，间隔期为15天左右。

④掌握用药关键时期：根据病虫害发生规律和为害特点，防治病害最好在发病初期或前期施用，这时用药效果最好；防治害虫应在卵孵化盛期或低龄幼虫期防治，此时幼虫集中、体小、抗药力弱，药剂防治最为适宜。过早起不到应有的防治效果，过晚易导致农药残留超标。

⑤选用高效低毒、低残留农药：为防止农药含量超标，在生产中要选用对人畜安全的低毒农药、生物制剂农药和环境友好型的农药，禁止使用剧毒、高残留农药。

（3）国家禁用和限用的农药:《中华人民共和国食品安全法》第四十九条规定，禁止将剧毒、高毒农药用于蔬菜、瓜果、茶叶和中草药材等国家规定的农作物; 第一百二十三条规定，违法使用剧毒、高毒农药的，除依照有关法律、法规规定给予处罚外，可以由公安机关依照规定给予拘留。

①禁止使用的41种农药：六六六、滴滴涕、毒杀芬、二溴氯丙烷、杀虫脒、二溴乙烷、除草醚、艾氏剂、狄氏剂、汞制剂、砷类、铅类、敌枯双、氟乙酰胺、甘氟、毒鼠强、氟乙酸钠、毒鼠硅、甲胺磷、甲基对硫磷、对硫磷、久效磷、磷胺、苯线磷、地虫硫磷、甲基硫环磷、磷化钙、磷化镁、磷化锌、硫线磷、蝇毒磷、治螟磷、特丁硫磷、氯磺隆、福美胂、福美甲胂、胺苯磺隆、甲磺隆全面禁止销售、使用；三氯杀螨醇自2018年10月1日起，全面禁止销售、使用；溴甲烷自2019年1月1日起禁止在农业上使用; 硫丹自2019年3月26日起禁止在农业上使用。

②在部分作物上禁止使用的23种农药：甲拌磷、甲基异柳磷、内吸磷、克百威、涕灭威、灭线磷、硫环磷、氯唑磷、水胺硫磷、灭多威、氧乐果、硫丹禁止在蔬菜、瓜果、茶树、食用菌、中草药材上使用，禁止用于防治

2019年（农历己亥年）第43周周历

星期	阳历		农历		天干地支	二十八宿	重要节日和纪念日	记事
	月	日	月	日				
一	10月大	21	九月小	廿三	辛卯	毕宿	◑下弦	
二		22		廿四	壬辰	觜宿		
三		23		廿五	癸巳	参宿		
四		24		廿六	甲午	井宿	霜降 联合国日（1947）	
五		25		廿七	乙未	鬼宿		
六		26		廿八	丙申	柳宿		
日		27		廿九	丁酉	星宿		

卫生害虫；三氯杀螨醇、氰戊菊酯禁止在茶树上使用；丁酰肼（比久）禁止在花生上使用；氟虫腈除用于防治卫生害虫，以及玉米等部分旱田作物种子包衣剂以外，禁止在其他方面使用；杀扑磷禁止在柑橘树上使用；毒死蜱、三唑磷禁止在蔬菜上使用；氟苯虫酰胺自2018年10月1日起禁止在水稻上使用；克百威、甲拌磷、甲基异柳磷自2018年10月1日起禁止在甘蔗上使用；乙酰甲胺磷、丁硫克百威、乐果自2019年8月1日起禁止在蔬菜、瓜果、茶树、食用菌、中草药材等作物上使用。

③百草枯水剂：自2016年7月1日起停止在国内销售和使用。

④其他规定：按照《农药管理条例》规定，任何农药产品使用都不得超出农药登记批准的使用范围。剧毒、高毒农药不得用于防治卫生害虫，不得用于蔬菜、瓜果、茶树、食用菌、中草药材的生产，不得用于水生植物的病虫害防治。

二、农机安全

农机驾驶操作人员要牢固树立“安全第一，预防为主”的方针，作业行驶中让安全的警钟在心中常鸣。

1. 遵守职业道德 农机驾驶操作人员要熟悉所使用农业机械的原理、构造、性能、特点，熟练掌握保养及安全操作的技能；做好农机生产作业前后的检查和保养工作，发现问题，及时解决，彻底消除可能引发事故发生的安全技术问题。长期不用的农机具，应在投入正常作业前进行试运行。若供电后不运转，必须拉闸断电，防止烧坏农具和危及人身安全。要坚持学习，学习驾驶理论、学习操作技能，通过开展安全事故警示教育，提高对“安全与效益”关系的认识，牢固树立安全生产意识，向安全要效益。

2. 遵守农机安全生产法律法规 农机驾驶操作人员必须具备驾驶条件，即通过参加农机培训，取得合格的驾驶操作资格，有过硬的操作技能，懂得应该遵守的交通规则，具备一定的遇险应变能力；拖拉机、联合收割机应当悬挂牌照；拖拉机上道路行驶，联合收割机因转场作业、维修、安

2019年（农历己亥年）第44周周历

星期	阳历		农历		天干地支	二十八宿	重要节日和纪念日	记事
	月	日	月	日				
一	10月大	28	十月小	初一	戊戌	张宿	●朔 寒衣节（鬼节） 世界男性健康日（2000）	
二		29		初二	己亥	翼宿	世界防治脑卒中病日（2004）	
三		30		初三	庚子	轸宿		
四		31		初四	辛丑	角宿	世界勤俭日（2006）	
五	11月小	1		初五	壬寅	亢宿		
六		2		初六	癸卯	氐宿		
日		3		初七	甲辰	房宿		

全检验等需要转移的，其操作人员应当携带操作证件；未满18周岁者不得操作拖拉机、联合收割机；操作人员年满70周岁的，县级人民政府农业机械化主管部门应当注销其操作证；作业行驶中，牢记交通法规和农机法规要求，根据车辆机具的技术状况，以及道路、行人、天气等情况，正确处理行车速度，不违章作业（无证驾驶、超速超载、强超强会、酒后开车、客货混装等），不蛮干，不带病开车，不开技术状况存在问题的车，不逞能开英雄车；必须按时参加年检审验，不断维护车辆、机具，提高驾驶操作人员的安全防患意识及法制观念，为安全生产打下良好的基础。

3. 时刻提高警惕 要轻装上阵，以舒畅愉快的心情投入工作，不疲劳驾驶，不疲劳操作；农机作业现场常常会遇到小孩围绕车辆玩耍的情况，因此驾驶操作人员在启动作业时，要先观察，确认安全后再进行作业，作业中，也要时刻注意田间、地头是否有人休息或劳动；农业机械的农田作业，除了农机驾驶操作人员外，需要辅助人员协助完成，特别是在夏收、秋收作业现场，由于人多、机械多，情况复杂，容易发生事故，要有专人现场指挥，维护好作业秩序，驾驶操作人员要与辅助人员协调一致，密切配合；驾驶要平稳，严格按照作业速度行驶；行驶起步时应鸣喇叭，告知辅助人员有所准备，以免发生事故。

三、沼气安全

1. 安全使用 沼气是一种易燃易爆气体，燃点在537℃，比一氧化碳和氢气都低，一个火星就能点燃，而且燃烧温度很高，最高可达1 200℃。在密闭状态下，空气中沼气含量达到8.8%时，只要遇到火种，就会引起爆炸。因此，在使用沼气时，一定要注意以下几点：一是选用优质沼气用具。二是沼气灶或沼气灯等沼气用具远离易燃物品，不要放在柴草、油料、棉花、蚊帐等易燃品旁边，也不要靠近草房的屋顶，以免发生火灾；连接沼气灶的软管必须低于灶表面，避免被火烤坏，发生漏气。三是输气管道上必须装带有安全瓶的压力表，外出几日要在压力表安全瓶上端接一根输气管通

2019年（农历己亥年）第45周周历

星期	阳历		农历		天干地支	二十八宿	重要节日和纪念日	记事
	月	日	月	日				
一	11月小	4	十月小	初八	乙巳	心宿	◐上弦	
二		5		初九	丙午	尾宿		
三		6		初十	丁未	箕宿		
四		7		十一	戊申	斗宿	十月社会主义革命纪念日（1917）	
五		8		十二	己酉	牛宿	**立冬** 中国记者节（2000）	
六		9		十三	庚戌	女宿	全国消防安全宣传日（1992）	
日		10		十四	辛亥	虚宿	世界青年节（1984）	

往室外，以便排出多余的沼气。四是使用沼气炉和沼气灯时，如果脉冲点火失灵，应先点着火柴等引火物，再开沼气开关，同时，操作人的脸应侧到一边，千万不能正面对着看炉具，以免烧伤脸部。五是每次使用沼气前后，都要检查开关是否已经关闭。六是不要在沼气池周围点火吸烟，进池、出料、维修时，只能用手电筒照明或电灯照明，禁止使用打火机等明火工具。七是禁止向池内丢明火，烧余气，防止失火烧伤或引起沼气池爆炸。八是禁止各种农药、化肥（尤其是磷肥）及有害杂物入池。九是教育孩子不要在沼气池和沼气配套设备（灯、灶、开关、管道等）附近玩火。

2. 日常维护 一是要定期检查脱硫器。脱硫器一般使用 3 个月后会变黑，失去活性，脱硫效果低，也可能板结，增加沼气输送阻力。对失效的脱硫剂要及时进行晾晒或更换，以防引发沼气中毒。在晾晒脱硫剂时，选择阴凉通风的场所将脱硫剂放在铁片或水泥地面上经常翻动，待脱硫剂发红后再装回脱硫瓶内。二是每天观察气压变化，特别在夏天，气温高，产气多，压力过大时要立即用气、放气或从出料间抽出部分料液，以防胀坏气箱、冲开池盖，造成事故；冬天要注意防冻。三是要经常检查开关、管道、接头等处有没有漏气，可用肥皂水检查，也可用碱式醋酸铅试纸检查，若湿试纸变黑说明漏气，反之则不漏气。当发现漏气时，应及时关闭气源、打开门窗，禁止使用明火和开关电器。四是要经常保持活动盖的养护水不干涸，严防活动盖的密封黏土破裂漏气，毒害人、畜。五是沼气池的粪便应随进随出，确保沼气池的有效空间；同时，应对沼气池勤搅拌，以防结壳，以达到多产气的目的。

3. 安全防护 一是入池人员必须选择工作认真负责、身体健康的青壮年，并应经过一定的技术培训，凡体弱多病者、老弱病残者或其他疾病尚未恢复健康者不宜入池操作。二是室内发现漏气，应开门开窗进行通风，此时不得开灯和用火，防止点燃爆炸或者火灾；人员出门在外等候，防止中毒事故。三是维修任何沼气设施前，必须关好所有沼气开关，以防沼气伤人，如果下池维护沼气池，必须有专业人员现场指导，做到下池前打开活动盖和

2019 年（农历己亥年）第 46 周周历

星期	阳历		农历		天干地支	二十八宿	重要节日和纪念日	记事
	月	日	月	日				
一	11月小	11	十月小	十五	壬子	危宿	光棍节 下元节	
二		12		十六	癸丑	室宿	○望 孙中山诞辰（1866） 刘少奇逝世（1969）	
三		13		十七	甲寅	壁宿		
四		14		十八	乙卯	奎宿	联合国防治糖尿病日（2007）	
五		15		十九	丙辰	娄宿		
六		16		二十	丁巳	胃宿	国际宽容日（1995）	
日		17		廿一	戊午	昴宿	国际学生日（1946）	

进出料口，清除池内料液，敞7～10天，并向池内鼓风排出残存气体，后用小动物进行实验，无异常情况后方可进入。下池时必须系好安全带，同时池外要有专人看护，严禁单人操作。四是在入池操作时，可用防爆灯或手电筒照明，严禁使用油灯、火柴、打火机和蜡烛等明火照明。五是在人员下池维修过程中，如有头痛、头昏、恶心、呕吐或感觉身体有不适状况时，应立即离开现场。六是一旦发生池内人员昏倒，应立即采用人工办法向池内输送新鲜空气，待试验池内安全后将人抬出，切不可盲目下池抢救人员，以免发生连续窒息中毒事件。七是对窒息人员的抢救，应将其抬到地面避风处，解开上衣和裤带，注意保暖，及时送医院治疗。八是被沼气烧伤的人员，应迅速脱离现场，脱掉着火衣物进行灭火处理，被烧伤的皮肤表面立即用清水冲洗，并用清洁衣服或被单裹住受伤的地方后及时送医院急诊。

四、农业用电安全

随着现代农业的不断发展，农业用电越来越普遍。农业用电应注意以下几点：一是农业生产用电严禁私拉乱接；二是电动机具的金属外壳，必须有可靠的接地措施或临时接地装置；三是移动电动农机具须事先关掉电源，不可带电移动；四是如果农机具离电源较远，应在农机具附近单独安装双刀开关的电熔断器，以便在发生事故时可迅速切断电源；五是电动机发生故障时须停电检修，不能带电检修，维修过程中须悬挂“禁止合闸”等警告牌，或者派专人看守，以防有人误将闸刀合上；六是使用单相电动机的农机具，要安装低压触电保护器，这样，在发生事故时，就能自动切断电源，使触电者脱离危险。

五、节能环保

1. 节水技术 节水技术是指在维持目标产出的前提下农业节约和高效用水技术，包括工程节水、农艺节水和管理节水等。其中农艺节水技术包括适水种植技术、抗旱育种技术、节水灌溉技术、农田保墒技术、水肥耦

2019年（农历己亥年）第47周周历

星期	阳历		农历		天干地支	二十八宿	重要节日和纪念日	记事
	月	日	月	日				
一	11月小	18	十月小	廿二	己未	毕宿		
二		19		廿三	庚申	觜宿		
三		20		廿四	辛酉	参宿	◑下弦	
四		21		廿五	壬戌	井宿		
五		22		廿六	癸亥	鬼宿	小雪	
六		23		廿七	甲子	柳宿		
日		24		廿八	乙丑	星宿	刘少奇诞辰（1898）	

合技术、化学抗旱节水技术等。

2. 节肥技术 节肥技术是指从肥料配方制定、施肥量计算、减少肥料损失、有机肥替代等各个环节综合考虑减少化肥施用量而不减产的技术，包括测土配方技术、缓控释肥技术和有机肥替代技术。

3. 水肥一体化技术 水肥一体化技术是将灌溉与施肥融为一体的农业新技术，是借助压力灌溉系统，将可溶性固体肥料或液体肥料配兑而成的肥液与灌溉水一起，均匀、准确地输送到作物根部土壤。

4. 秸秆还田 农作物秸秆还田可以增加土壤有机质和养分含量，改善土壤物理性状，提高土壤的生物活性，达到增产增效的目的。秸秆还田的主要技术有直接还田、过腹还田、腐熟还田、堆肥还田等。

六、防灾减灾

1. 农作物防涝减灾

（1）粮棉油作物：要及时排除田间积水，雨后适时中耕散墒；对倒伏的植株，要及时扶直、培土，倒伏严重的植株要及时捆绑，防止再次倒伏；增施肥料特别是速效氮肥，改善土壤养分状况，促使植株迅速生长；暴雨过后要抢晴天及时进行病虫害防治，玉米要防治大小斑病、褐斑病、纹枯病等，大豆、花生等要防治棉铃虫、甜菜夜蛾、造桥虫、叶斑病等；秋作物生长前期发生洪涝灾害时，对缺苗断垄严重的田块，要进行大苗移栽、催芽补种，对绝收田块要及时抢种、改种，可选种绿豆、荞麦等生育期短的作物，或改种萝卜、白菜、青菜等蔬菜，也可改种甜玉米和糯玉米，力争将损失降到最低限度。

（2）蔬菜等作物：要提早疏通田间沟渠，及时排除田间积水，降低菜田水位，缩短蔬菜受淹时间；对能采收上市的叶菜、豆类等蔬菜，要及时采收上市，减少损失；中耕松土，防止土壤板结，追施速效肥料，喷施叶面肥，尽快恢复植株长势；加强病虫害防治，要选择高效、安全、环境相溶性好

2019年（农历己亥年）第48周周历

星期	阳历		农历		天干地支	二十八宿	重要节日和纪念日	记事
	月	日	月	日				
一	11月小	25	十月小	廿九	丙寅	张宿	国际反家庭暴力日（1999）	
二		26	十一月大	初一	丁卯	翼宿	●朔	
三		27		初二	戊辰	轸宿		
四		28		初三	己巳	角宿	感恩节（1941） 恩格斯诞辰（1820）	
五		29		初四	庚午	亢宿		
六		30		初五	辛未	氐宿		
日	12月大	1		初六	壬申	房宿	世界防治艾滋病日（1988） 朱德诞辰（1886）	

的农药，采取综合防治措施，将病虫为害造成的损失降到最低限度。

2. 农作物高温热害防御 高温热害的防御措施主要是改革耕作制度和调整播期，辅之以灌水、遮阳等。

（1）蔬菜防御高温热害：春播高温蔬菜（如番茄、椒类）应适期播种，尽量不要种植过晚，要加强苗期管理，培育壮苗，提高对高温的抵抗力；调整种植结构，种植较耐热的蔬菜，如冬瓜、丝瓜、豇豆、空心菜等；在海拔较高的冷凉山区建立夏季蔬菜生产基地；套种高秆作物遮阴降温，如玉米地套种辣椒、甘蓝等；适时灌溉，使土壤保持适宜的含水量；覆盖遮阳栽培，防止太阳直接辐射灼伤蔬菜。

（2）果树防御高温热害：果树防御高温热害措施主要包括果园保墒、果园灌溉、树干涂白和喷洒药剂等。预防果树日灼，夏季可以采取果园灌溉及果园保墒措施，增加果树水分供应，也可以在果面喷洒波尔多液和石灰水，减少日灼病的发生；冬季可采用树干涂白以缓和树皮温度骤变。此外，在修剪时，树体的向阳方向应多留一些枝条，以减轻日灼的危害。

3. 农作物冷害冻害防御 选择耐寒能力强的品种，科学确定适宜播期，采用设施栽培、地膜覆盖或秸秆覆盖；寒流来临前采取灌溉、熏烟等办法，提高地表温度；中耕追肥，加强肥水管理，促使作物健壮生长，增强农作物抵抗不良环境的能力。

§2.5 文明风尚

一、乡风文明

1. 乡风文明的内涵 乡风是指一个地方人们长期积淀形成的生活习惯、心理特征和文化习性而表现出来的精神风貌。《管子·版法》有云：“万

2019年（农历己亥年）第49周周历

星期	阳历		农历		天干地支	二十八宿	重要节日和纪念日	记事
	月	日	月	日				
一	12月大	2	十一月大	初七	癸酉	心宿		
二		3		初八	甲戌	尾宿	世界残疾人日（1992）	
三		4		初九	乙亥	箕宿	◐上弦 全国法制宣传日（2001） 国家宪法日（2014）	
四		5		初十	丙子	斗宿		
五		6		十一	丁丑	牛宿		
六		7		十二	戊寅	女宿	大雪	
日		8		十三	己卯	虚宿		

民乡风，旦暮利之。”乡风是维系中华民族文化基因的重要纽带，是流淌在田野上的故土乡愁。乡风文明是指农民群众的思想、文化、道德水平不断提高，在农村形成崇尚文明、崇尚科学的社会风气，农村的教育、文化、卫生、体育等事业发展逐步适应农民生活水平不断提高的需求。乡风文明既包括乡村整体的道德风尚和良好风气，也包括村民个体的良好思想状态、精神风貌、文化素养等。只有乡风文明，才能够助推乡村振兴，广大农民才能生活得更加和谐、更加温馨、更加幸福。

乡风文明具有丰富的内涵：一是对中华优秀传统文化的传承与创新，并以此提升文化软实力；二是物质文化和非物质文化的保护，特别是关键区域农耕文明、游牧文明、海洋文明的保护，以及民族地区民俗、民风、民居等文化要素的保护；三是优良传统的继承与发扬光大，特别是传承了几千年的道德伦理，这是“不忘初心”的体现；四是新时代意识的培养，广大的农村居民是乡村振兴的主体，也是乡村振兴成效的受益主体和价值主体，为此，应提高农村居民对乡村振兴战略的认知水平，培养农民的责任意识、参与意识。

2. 目前乡风文明建设中存在的主要问题

（1）文化生活贫乏：从总体上看，农村文化建设与全面建设小康社会的目标要求不相适应，与经济社会的协调发展不相适应，与农民群众的精神文化需求不相适应。由于资金投入不足，文化市场发育不全，文化设施简陋，文化人才短缺，文化产业落后，以致丰衣足食了的农民看书难、看报难，电视节目单调，缺少文艺活动，文化生活相对贫乏。有的乡村，农民除了看看电视、听听广播以外，很少有其他方面的文化娱乐活动，农闲时节，农民们只能通过串门、打牌、搓麻将、喝酒、聊天等形式打发日子。有的地方也仅局限于在重大节日时搞些文化娱乐活动，有的甚至在重大节日里也没有文化娱乐活动。

（2）不良习俗侵蚀：一些农民婚丧事大操大办、大吃大喝，结婚比房子、比车子、比彩礼、比排场；“人情宴”名目繁多，“满月酒”、生日

2019年（农历己亥年）第50周周历

星期	阳历		农历		天干地支	二十八宿	重要节日和纪念日	记事
	月	日	月	日				
一	12月大	9	十一月大	十四	庚辰	危宿	世界足球日（1978）	
二		10		十五	辛巳	室宿	世界人权日（1950）	
三		11		十六	壬午	壁宿		
四		12		十七	癸未	奎宿	○望	
五		13		十八	甲申	娄宿	南京大屠杀死难者国家公祭日（2014）	
六		14		十九	乙酉	胃宿		
日		15		二十	丙戌	昴宿	世界强化免疫日（1988）	

宴、升学宴、乔迁宴、生病慰问礼等“人情礼”，让农村群众应接不暇，增加了农民群众的经济负担。黄赌毒等社会丑恶现象沉渣泛起，信佛、信教、信命，遇难求菩萨、求算命先生。小富即安、不思进取、安于现状，拜金主义、唯利是图、损人利己、见利忘义等消极思想悄然滋长。

（3）传统美德流失：尊老敬老的传统美德在一些农村发生了变异现象。有的家庭经济宽裕，老年人虽然衣食有着，但得不到应有的关心和尊重；有的家庭因贫困不愿尽赡养义务，有的老人甚至在家庭中遭受虐待；人际关系日趋淡漠，邻里之间、亲朋之间矛盾纠纷增多，与人为善、互爱互助的风气日渐淡化。

（4）人居环境较差：这些年来，通过改革开放，大力发展，农村环境面貌发生了显著改变，但环境脏乱差问题依然存在，表现在村民环境与健康意识不强，垃圾乱堆、粪便乱倒、生活污水乱流、村内道路泥泞等。

3. 促进乡风文明建设的措施

（1）加强农村思想道德建设：社会主义核心价值观是社会主义先进文化的精髓，凝结着全体人民共同的价值追求。要围绕“富强、民主、文明、和谐”的价值目标，坚持教育引导、实践养成、制度保障三管齐下，采取符合农村特点的有效方式，深化中国特色社会主义和中国梦宣传教育，大力弘扬民族精神和时代精神，广泛开展理想信念教育，唤醒农民自觉意识，鼓励农民投身到乡村振兴的伟大实践中；围绕“自由、平等、公正、法治”的价值取向，加强农村基层各项社会治理工作，健全自治、法治、德治相结合的乡村治理体系，将社会主义核心价值观纳入村规民约，融入农民的生产生活和道德建设中；围绕“爱国、敬业、诚信、友善”的价值准则，深入实施公民道德建设工程，挖掘农村传统道德教育资源，推进社会公德、职业道德、家庭美德、个人品德建设。加强爱国主义、集体主义、社会主义教育，深化民族团结进步教育，加强农村思想文化阵地建设，培育新型农民，推进移风易俗，努力提升农民素质，引导农民树立与现代文明相适应的思想观念与生活方式，不断提高乡村社会文明程度。推

2019年（农历己亥年）第51周周历

星期	阳历		农历		天干地支	二十八宿	重要节日和纪念日	记事
	月	日	月	日				
一	12月大	16	十一月大	廿一	丁亥	毕宿		
二		17		廿二	戊子	觜宿		
三		18		廿三	己丑	参宿		
四		19		廿四	庚寅	井宿	◑下弦	
五		20		廿五	辛卯	鬼宿	澳门回归祖国纪念日（1999）	
六		21		廿六	壬辰	柳宿	国际篮球日（1891）	
日		22		廿七	癸巳	星宿	冬至 一九	

进诚信建设，强化农民的社会责任意识、规则意识、集体意识、主人翁意识。

（2）传承发展优秀传统文化：中华文明源远流长，历久弥新，孕育了丰富而宝贵的优秀传统文化。优秀的传统文化具有深厚的文化底蕴和文化内涵，有着无与伦比的凝聚力、向心力和影响力。当前，广大农村依然保留着许多历史风俗和文化传统，充分保留地方地域特色，在扬弃中传承仁爱、忠义、礼和、谦恭、节俭等中华优秀传统文化，并阐释赋予新的时代价值和时代意义，主动让农村优秀传统文化与现代精神文明一起抓，促进农村文化教育、医疗卫生等事业发展，推动移风易俗、文明进步，弘扬农耕文明和优良传统，培育文明乡风、良好家风、淳朴民风，不断提高乡村社会文明程度。

（3）加强农村公共文化服务：要把乡村公共文化服务建设摆在精神文明建设的大局之中，以展现新时代农村农民精神风貌和体现地方风土人情特色为原则，因地制宜提供满足农民需求的农村公共文化产品和服务，真正让农村文明焕发新魅力，展现新气象。按照有标准、有网络、有内容、有人才的要求，健全乡村公共文化服务体系。发挥县级公共文化机构辐射作用，推进基层综合性文化服务中心建设，实现乡村两级公共文化服务全覆盖，提升服务效能。深入推进文化惠民，公共文化资源要重点向乡村倾斜，提供更多更好的农村公共文化产品和服务。支持“三农”题材文艺创作，鼓励文艺工作者不断推出反映农民生产生活尤其是乡村振兴实践的优秀文艺作品，充分展示新时代农村农民的精神面貌。培育挖掘乡土文化本土人才，开展文化结对帮扶，引导社会各界人士投身乡村文化建设。活跃繁荣农村文化市场，丰富农村文化业态，加强农村文化市场监管。

（4）突出抓好“村规民约”：因地制宜制定“村规民约”，明确结婚彩礼、红白宴席操办规模和随礼的具体标准等，形成婚丧喜庆公约，纳入乡规民约，公告乡邻，引导村民共同遵守。建立红白理事会、道德评议会，推举德高望重、热心服务、崇尚节俭的老党员、老干部、乡贤能人担任理

2019年（农历己亥年）第52周周历

星期	阳历		农历		天干地支	二十八宿	重要节日和纪念日	记事
	月	日	月	日				
一	12月大	23	十一月大	廿八	甲午	张宿		
二		24		廿九	乙未	翼宿	平安夜	
三		25		三十	丙申	轸宿	圣诞节	
四		26	腊月大	初一	丁酉	角宿	●朔 毛泽东诞辰（1893）	
五		27		初二	戊戌	亢宿		
六		28		初三	己亥	氐宿		
日		29		初四	庚子	房宿		

事会成员，对村民婚丧事宜，理事会提前介入，采取思想教育、帮助服务等方法，有效进行劝阻、制止，让红白喜事有人管、有章可循。充分发挥基层党组织的战斗堡垒作用，发挥党员干部的先锋模范带头作用，带头践行村规民约，对违反规定的党员干部，依规进行处理。广泛开展文明村镇、星级文明户、文明家庭等群众性精神文明创建活动。加强无神论宣传教育，丰富农民群众精神文化生活，抵制封建迷信活动。

二、公民道德建设

1. 公民道德建设的主要内容 从我国历史和现实的国情出发，社会主义道德建设要坚持以为人民服务为核心，以集体主义为原则，以爱祖国、爱人民、爱劳动、爱科学、爱社会主义为基本要求，以社会公德、职业道德、家庭美德为着力点。为人民服务作为公民道德建设的核心，是社会主义道德区别和优越于其他社会形态道德的显著标志。集体主义作为公民道德建设的原则，是社会主义经济、政治和文化建设的必然要求。爱祖国、爱人民、爱劳动、爱科学、爱社会主义作为公民道德建设的基本要求，是每个公民都应当承担的法律义务和道德责任。社会公德是全体公民在社会交往和公共生活中应该遵循的行为准则，涵盖了人与人、人与社会、人与自然之间的关系。职业道德是所有从业人员在职业活动中应该遵守的行为准则，涵盖了从业人员与服务对象、职业与职工、职业与职业之间的关系。家庭美德是每个公民在家庭生活中应该遵循的行为准则，涵盖了夫妻、长幼、邻里等之间的关系。

2. 公民基本道德规范 公民基本道德规范是指公民应当遵守的基本道德规范。中共中央颁布的《公民道德建设实施纲要》，把公民基本道德规范集中概括为二十字：爱国守法，明礼诚信，团结友善，勤俭自强，敬业奉献。

2019年（农历己亥年）第53周周历
2020年（农历己亥年）第1周周历

星期	阳历		农历		天干地支	二十八宿	重要节日和纪念日	记事
	月	日	月	日				
一	12月大	30	腊月大	初五	辛丑	心宿		
二		31		初六	壬寅	尾宿	二九	
三	元月大	1		初七	癸卯	箕宿	元旦	
四		2		初八	甲辰	斗宿	腊八节	
五		3		初九	乙巳	牛宿	◐上弦	
六		4		初十	丙午	女宿		
日		5		十一	丁未	虚宿		

三、良好家风

家风就是一个家庭的风气、风格与风尚，是给家中后人树立的价值准则。家风直接影响着每个家庭的精神追求或灵魂走向，决定着家庭的兴旺发达，甚至国家民族的成败兴衰。良好的家风家教既是社会主义核心价值观的重要内容，又是践行核心价值观的重要途径和载体。社会主义核心价值观是兴国之魂、强国之要，家风家教则是立家之基、立身之本。良好的家风，不仅潜移默化心灵性情，涵养人格品质，形塑世界观、人生观、价值观，对个人的成长成才至关重要，而且对国家发展、社会文明进步都有不可估量的作用。优良家风助推乡风文明。优良家风，关键要有一个善良、正直、厚道的家人当“领头雁”，带动全家，给家人和乡亲们做出好的榜样。

1. 良好家风的内容

（1）讲究道德、诚实守信：道德是一个人立身处世的根本，是家风的核心。高尚的道德可以让人形成充实、高雅的精神生活，养成良好的生活习惯。诚实守信是一个人的名片，青少年养成诚信的品格，在将来的学习和工作中更容易成功，诚实守信才能赢得长久的荣誉和尊敬，给家庭带来长久的欢乐和安详。

（2）重视学习，崇尚知识：我国自古以来就有崇尚学习的传统。家长要以身作则，重视学习、崇尚知识，以自己的言行熏陶子女，让家庭充满学习气氛，通过学习立身立德、增智强能。青少年生长在一种充满学习气氛的家庭中，很容易养成一种自觉学习的良好习惯，从而增强学习兴趣，提高学习成绩，这是千金难买的。

（3）勤俭持家、热爱劳动：勤俭是一种催人奋进的精神力量，也是个人健康成长的护身法宝。勤俭的家风可以防止青少年产生优越感，自觉克服身上的娇气。劳动是创造一切幸福的源泉，青少年在热爱劳动

2020 年（农历己亥年）第 2 周周历

星期	阳历		农历		天干地支	二十八宿	重要节日和纪念日	记事
	月	日	月	日				
一	元月大	6	腊月大	十二	戊申	危宿	小寒 中国 13 亿人口日（2005）	
二		7		十三	己酉	室宿		
三		8		十四	庚戌	壁宿	周恩来逝世（1976）	
四		9		十五	辛亥	奎宿	三九	
五		10		十六	壬子	娄宿		
六		11		十七	癸丑	胃宿	○望	
日		12		十八	甲寅	宿昴		

的家风熏陶下，会树立自食其力的观念，从小培养自立能力，养成坚韧不拔、积极进取的性格。

（4）家庭和睦、科学教育：和睦的家庭关系会给孩子创造一个良好的家庭氛围。孩子生活在和谐温暖的家庭，受到健康向上的精神影响，才能心情愉快，积极进取，养成良好的行为习惯。家长对孩子的教育也要科学，主动倾听他们的意见，平等协商，让他们在和谐、温暖和相亲相爱的家庭氛围中健康成长。

（5）尊老爱幼、邻里互助：尊老爱幼是中华民族的传统美德，也是最重要的家风之一，它有助于促进家庭和睦，让青少年在一个良好的家庭环境中健康成长。要与邻里和睦相处，互帮互助，对有困难的邻居要同情、关心和帮助，营造一种和谐、融洽的邻里关系。

2. 良好家风的培育

（1）加强自身修养：家风是家庭全体成员共同制定、共同遵循的行为规范。但家风的决定者，或者说起决定作用的还是父母。有什么样的父母，就有什么样的家风，家长的自身修养至关重要。要把孩子培养成为什么样的人，父母必须先成为这样的人。这不仅是以身作则的问题，而是父母的人格决定家风的方向，自然也决定孩子发展的方向。

（2）培育家庭美德：孩子是家庭的继承人，也是国家未来的建设者和接班人，家庭美德是孩子成长成才的基础。家风通过日常生活影响孩子的心灵，塑造孩子的人格，是最基本、最直接、最经常的教育。家长应给孩子创造和谐的家庭环境，弘扬好家风，传递正能量。要通过日常要求、家庭格言、家训等形式，培养子女勤俭节约、孝敬老人等美德，教育子女走正道、讲规矩，引导子女把人生理想融入国家和民族的事业中。

（3）处理好家庭关系：家庭关系包括夫妻关系、婆媳关系、父母子女关系等。父亲和母亲在社会和家庭生活中互尊互爱，平等相待，共享权利、共担责任与共同发展的均衡、全面的行为实践，会起到上

2020年（农历己亥年）第3周周历

星期	阳历		农历		天干地支	二十八宿	重要节日和纪念日	记事
	月	日	月	日				
一	元月大	13	腊月大	十九	乙卯	毕宿		
二		14		二十	丙辰	觜宿		
三		15		廿一	丁巳	参宿		
四		16		廿二	戊午	井宿		
五		17		廿三	己未	鬼宿	小年 ◑下弦	
六		18		廿四	庚申	柳宿	四九	
日		19		廿五	辛酉	星宿		

行下效的作用，于无形中感染和熏陶着孩子，规范其言行举止，养成其积极、健康、向上的价值观，在良好家风的培育与传承中潜移默化地培育和践行男女平等的价值观与社会主义核心价值观。因此，家庭成员之间应相互尊重和理解，和睦相处，互相关心，互相爱护。家长要理智，善于调节和控制自己的情感；要发扬民主，主动倾听孩子的意见；要开朗、乐观，让家庭充满欢乐情趣；要言教身教，让孩子热爱学习，从小养成优良的品格和生活习惯，变得知书达理。

四、移风易俗

"俗"即"风俗"，是指历代相沿、积久而成的风尚、习俗。移风易俗指的是改变旧的风俗习惯。移风易俗的现代意义是指在社会发展变化的情况下，由政府干预或社会组织协助参与，具有明确目的性的破除陋习，培养社会文明新风尚的行动，是积极的文化变革。由此可见，移风易俗的目的，就是通过风俗改造，优化社会环境和政治生态，提升干部群众人文素养，推动社会文明进步。

1. 崇尚节俭，婚事新办　提倡适度办婚礼、节俭过日子，摈弃搞攀比、讲排场的不良风气，自觉抵制高额彩礼、婚车成群、鞭炮滥放、大办宴席等攀比之风，力戒恶俗闹婚，力求婚礼仪式简朴、氛围温馨。

2. 恪守孝道，丧事简办　树立厚养薄葬新理念，老人在世多尽孝道，老人离世丧事简办，不相互攀比，不奢侈浪费，不参与带有封建迷信色彩的丧葬活动，自觉摈弃在公共场所搭建灵棚、高音播放音乐、撒纸钱烧纸扎冥币、大肆燃放烟花爆竹、大摆宴席等不良行为。

3. 破旧立新，倡树新风　提倡生育、升学、入伍、生日、乔迁等喜事小办简办，自觉抵制盲从攀比、跟风宴席，不讲排场，不比阔气，在亲朋好友间通过一束鲜花、一条短信、一杯清茶、一句问候等文明方式表达贺意，增进感情。

2020年（农历己亥年、庚子年）第4周周历

星期	阳历		农历		天干地支	二十八宿	重要节日和纪念日	记事
	月	日	月	日				
一	元月大	20	腊月大	廿六	壬戌	张宿	大寒	
二		21		廿七	癸亥	翼宿	列宁逝世（1924）	
三		22		廿八	甲子	轸宿		
四		23		廿九	乙丑	角宿		
五		24		三十	丙寅	亢宿	除夕	
六		25	正月小	初一	丁卯	氐宿	春节 ●朔	
日		26		初二	戊辰	房宿		

4. 爱护公物，保护环境 爱护公共基础设施，保护公共环境卫生，不乱贴红纸，不乱放鞭炮，不吹鼓奏乐噪声扰民，不乱抛和焚烧冥纸。

5.告别陋习，传播文明 积极宣传，移风易俗，严格遵守和执行有关政策规定，自觉抵制婚丧大操大办的陋习，自觉遵守村规民约。

§2.6 健康生活

一、培育健康生活方式

1. 养成良好的饮食习惯

（1）饮食安全：不饮用生水；食品、刀板、食具均要生熟分开，防止细菌交叉感染；不吃污染、变质、霉烂的食物；有些蔬菜一定要煮熟才能吃，比如扁豆、鲜黄花菜等；肉类食物必须彻底煮熟才能食用，未经烧煮的肉食通常有可诱发疾病的病原体；防止果蔬农药残留中毒，如果饮食不慎发生食物中毒，应马上就医，并让患者饮水，以稀释胃里的毒素，同时设法让患者吐出吃进的一些食物，以缓解病情，还要将患者吃剩的有害食物封存并销毁，以免他人受害；不图便宜而购买无照商贩的食品。

（2）饮食健康：在生活中一定要确保饮食健康，营养均衡。蔬菜和肉合理搭配，多吃粗粮，多吃水果和蔬菜，多喝水；少吃腌制发酵的食物，少吃盐，少喝酒和饮料，不吃辛辣油腻的油炸膨化食品，不吃发霉变质的食物；不挑食，保证身体可以均衡摄入所需的营养成分。

合理的膳食结构为每人每天应摄入谷类食物300～500克，蔬菜400～500克，水果100～200克，鱼、肉、蛋等动物性食物125～200克，奶制品100克，豆类50克，食盐不超过5克。

粗粮主要包括小米、大麦、荞麦、玉米、高粱、青稞、蚕豆、绿豆、红小豆、豌豆、马铃薯、红薯、山药等。多吃粗粮可预防一些疾病，如心脑血管疾病、肠癌、阑尾炎、便秘、痔疮、糖尿病、心脏病、高胆固醇症及肥胖病等。但粗粮普遍存在不好吸收的劣势，胃肠功能差的老年人及儿童应适量少吃。

2. 养成良好的生活习惯　前便后洗手，不暴饮暴食，不能不吃早饭，一日三餐要按时吃；每天按时排便；睡觉前应刷牙、洗脸、洗脚，保证个人卫生；勤换内衣、内裤、袜子等。良好的生活习惯可以让身体更加健康。

3. 养成良好的作息习惯　睡眠不足、睡眠质量不好、过度睡眠对身体都是不利的，它容易使人感到疲惫、困乏、懒怠、浑身无力，因此，每个人都要合理地安排作息时间，确保自己每天都能精力充沛。合理的作息包括不晚睡、不熬夜、早睡早起、有充足的睡眠。

人类最佳的睡眠时间是晚上 10 时至次日清晨 6 时，老年人和儿童可以更早一点开始休息。不同年龄的人所需睡眠时间略有不同：一般老人需 6 ~ 7 个小时，成年人需 7 ~ 8 个小时，中学生每天应睡 8 ~ 9 个小时，小学生 9 ~ 10 个小时，学前儿童 10 ~ 12 个小时。

4. 保持良好的心态　心态的好坏对我们的身体健康影响很大，保持心情平稳非常重要。凡事都要看开、想开，不要执着于某一件事。遇事不大喜大悲，以平常心对待。对于突发的紧急情况，应保持沉着冷静，积极面对。

5. 经常参加体育锻炼　运动可以促进身体的血液循环，使血管保持弹性，使血压维持正常水平；可以加速体内的新陈代谢，增加肺活量，增强人们的体质。对于青年人，不管学习任务多繁重，工作多繁忙，都应抽出时间多运动，锻炼身体。对于老年人，最好的运动是走路，饭后散步、打太极、跳广场舞等对保持身体健康都是非常有好处的，尽量克制自己，不过度看电视、打麻将。

6. 培养兴趣爱好　每个人的兴趣爱好都会有所不同，但是有一个共同点，就是能从自己的兴趣爱好中获得快乐。可以根据自身的特点培养兴趣爱好，如看书写作、唱歌听音乐、美术摄影、下棋打球、登山宿营、跳广场舞等，并将自己的兴趣爱好坚持下去。

二、火灾防控

如果发生火灾，无论什么情况都要保持冷静，迅速判断出危险处和安全地点，果断采取必要的自救或灭火措施；如果火势难以控制，应尽快撤离险境；拨打火警 119 报警时，应说明失火的详细地址、周围的显著标志、燃烧物和火势大小。农家随地堆放的秸秆、木材废纸等杂物，其火灾危险性非常大，更应注意防范。

1. 灭火常识 火灾初起时，一般火势都不会很大，如果掌握了正确的灭火方法，就能及时扑灭，不让小火酿成大祸。发生火灾后要大声呼喊并迅速拨打119火警电话，并派人去路口迎候消防车；扑灭火苗可就地取材，如用灭火器灭火或使用砂土坯、泥土等覆盖火焰灭火；及时组织人员用脸盆、水桶等传水灭火，或利用楼层内的墙式消火栓出水灭火；油锅起火，不能用水浇油锅中的火，应马上熄掉炉火，迅速用锅盖覆盖灭火；燃气灶具着火，要设法关闭阀门，或用衣物、棉被等浸水后捂盖灭火，并迅速关闭总阀门；着火处附近的可燃物要及时搬移到安全的地方。

2. 火灾逃生 利用室内设施自救，如用毛巾塞紧门缝，打开水龙头把水泼在地上降温，躲进放满水的浴缸内等，但千万不可躲到阁楼、床底、大橱内避难；用湿毛巾捂住鼻、口，防止窒息；利用通信工具寻求援助，或者往窗外扔东西以引起救援人员的注意；高层楼的房间，有机会往外逃生的一定要往下层走，尽量弯腰或匍匐前行，切忌乘坐电梯逃生或者往死角里躲，更不要为了找房间里的贵重物品而耽搁了逃生时间；如果身上着了火，千万不要跑，跑起来有风，火会越烧越旺，可就地打滚，把身上的火苗压灭，或跳入水池水缸，或用厚重衣物覆盖，以压灭火苗；在公共场所遇到火灾时，应听从指挥，向就近的安全通道方向分流疏散撤离，千万不可惊慌失措，互相拥挤践踏，造成意外伤亡。

三、家庭安全用电

1. 安全用电常识　用电要申请，安装、维修找供电所，不得私拉乱接电线；低压线路应安装漏电保护器，合理选用熔丝（保险丝），熔片（保险片）或熔管，严禁用铜、铝、铁丝代替；不在电线底下盖房、堆柴草、打场、打井、栽树，也不要在电线和其他带电设备附近演出、放电影，防止触电伤人和起火；在电线附近立井架、修理房屋或砍伐树木时要采取措施，对可能碰到的线路设备，要找供电所停电后进行；对规定使用接地的用电器具的金属外壳要做好接地保护，不要忘记给三相插座安装接地线，不得随意把三相插头改为两相插头；晒衣服的铁丝和电线要保持足够距离，不要缠绕在一起，也不要在电线上晾晒衣服；教育儿童不玩弄电器设备，不爬电杆，不爬变压器台，不摇晃拉线，不在电线附近放风筝、打鸟，不往电线和变压器上扔东西；电线断落时不要靠近，要派人看守，并立即找供电所处理；不用手摸灯头、开关、插头以及其他家用电器金属外壳，有损坏、老化漏电的，要立即找供电所修理或更换；使用电熨斗、电吹风、电炉等家用电热器时，人不要离开；不使用不合格的灯头、灯线、开关、插座等用电设备，用电设备要保持清洁完好，灯线不要过长，也不要拉来拉去。

2. 预防用电事故　不乱拉乱接电线；不超负荷用电，空调、电热水器等大功率用电设备应使用专用线路；不用湿手、湿布擦带电的灯头、开关和插座等；在更换熔丝、拆修电器或移动电器设备时必须切断电源，不得冒险带电操作；发现电器设备冒烟或闻到异味时，要迅速切断电源进行检查；广播喇叭怪叫或冒烟时，要拉断开关，不要带电泼水救火；发现树杈碰触电线，要马上找供电所处理。

3. 应急处置触电事故 若发现有人触电，千万不要用手去拉触电人，应立即拉下电源开关或拔掉电源插头，使触电者迅速脱离电源，若无法及时找到或断开电源时，可用干燥的竹竿、木棒等绝缘物挑开电线；将脱离电源的触电者迅速移至通风干燥处仰卧，解开上衣和裤带；立即用正确的人工呼吸或胸外心脏按压法进行现场急救，及时拨打电话呼叫救护车，尽快送医院进行抢救。

四、科学应对雷电

在人们的日常生活中，总会遇到雷电，因此要提高防雷意识，懂得防雷和避雷的常识，能够从容应对雷电，实施自救和互救。

1. 室内避雷方法 关闭家中门窗，并远离门窗，不在阳台逗留观赏雨景，防止雷电侵入家中；切断一切电源，拔掉电话插头，远离带电设备；不要赤脚站在泥地或水泥地上；不要收晒衣绳或铁丝上的衣服；远离金属类管道，如水管、煤气管、暖气管等，也不要触摸金属管线；不用喷头淋浴，尤其是不要使用太阳能热水器，以避免雷电波通过水流对人体造成伤害；不看电视，不用电脑，不拨打、接听电话，不使用电话上网；不修理各种电器。

2. 户外避雷方法 远离建筑物外露的水管、煤气管等金属物体及电力设备；在空旷场地不宜打伞，不宜把金属工具、羽毛球拍、高尔夫球杆等扛在肩上；不打球、踢球、骑自行车或奔跑；不在大树下避雨，也不要在孤立的棚屋中躲藏；不在山顶、山脊或建筑物顶部停留，在沟渠、洼地等低于地面处躲藏比较安全；不坐畜力车，不驾乘小型农用车；严防在雨中奔跑，旷野中的人最易被雷电击中；如果站在距雷击较近的地方，如高山上，感觉到毛发竖立，皮肤有轻微的刺痛感时，应立即去除身上所有的金属物品，马上蹲下来，身体向前倾，把手放在膝盖上，蜷成一团，千万不要平躺在地上。

第三部分
农业篇

§3.1 农作物新品种

一、小麦新品种

1. 优质高产品种

（1）百农207：半冬性中晚熟多穗型品种，2010～2011年度参加黄淮冬麦区品种区域试验，平均亩产584.1千克，适宜河南中北部地区高中水肥地块早中茬种植。高感叶锈病、赤霉病、白粉病和纹枯病，中抗条锈病。

（2）周麦27：半冬性中熟多穗型品种，2010～2011年度黄淮冬麦区南片冬水组品种区域试验，平均亩产589.6千克，适宜高中水肥地块早中茬种植。高感条锈病、白粉病、赤霉病、纹枯病，中感叶锈病。

（3）兰考198：弱春性大穗型中早熟品种，河南省春水Ⅰ组区域试验平均亩产639.9千克，适宜在中高肥力地（南部稻茬麦区除外）种植。中感条锈病，高感白粉病、赤霉病。

2. 优质强筋品种

（1）隆平518：半冬性中早熟品种，2012～2013年度生产试验，平均亩产479.7千克，适宜河南中北部地区中高水肥地块早中茬种植。高感叶锈病、赤霉病、白粉病、纹枯病。

（2）存麦8号：半冬性中晚熟品种，2013～2014年度生产试验，平均亩产585.3千克，适宜驻马店及其以北地区高中水肥地块早中茬种植。对条锈病近免疫，高感叶锈病、白粉病、赤霉病、纹枯病。

（3）郑麦583：半冬性中熟品种，2011～2012年度参加河南省高肥冬水Ⅰ组生产试验，平均亩产518千克，适宜高中水肥地早中茬种植。中抗白粉病、条锈病、叶枯病，中感叶锈病、纹枯病。

3. 彩色小麦品种

（1）周黑麦1号：半冬性中熟黑色类型品种，2009～2010年度河南省特色组生产试验，平均亩产407.0千克，适宜在早中茬地（南部稻茬麦区除外）种植。中抗条锈病和纹枯病，中感叶锈病、白粉病和叶枯病。

（2）正能2号：半冬性中熟品种，2016～2017年度生产试验，平均亩产455.1千克，适宜作为特殊用途类型品种在早中茬地（南部长江中下游麦区除外）种植。中感条锈病、叶锈病、白粉病和纹枯病，高感赤霉病。

（3）豫圣黑麦1号：弱春性中熟特殊用途类型小麦品种，2016～2017年度生产试验，平均亩产436.8千克，适宜在中晚茬地（南部长江中下游麦区除外）种植。中感条锈病、叶锈病、白粉病和纹枯病，高感赤霉病。

二、玉米新品种

1. 优质高产玉米

（1）登海605：紧凑型品种，夏播生育期107天，2010年生产试验，平均亩产571.8千克，抗小斑病，中抗矮花叶病，高抗茎腐病，感大斑病、弯孢菌叶斑病、瘤黑粉病。

（2）秋乐368：半紧凑型品种，夏播生育期102.0～104.0天，2016年河南省玉米生产试验，平均亩产643.6千克。高抗弯孢菌叶斑病，抗锈病，中抗穗腐病，感茎腐病、小斑病、瘤黑粉病。

2. 甜玉米

（1）郑甜3号：在黄淮海地区出苗至最佳采收期78天，籽粒黄色，适宜在夏玉米区作为鲜食甜玉米种植。

（2）郑加甜5039：春播生育期101天，夏播92天，抗矮花叶病，中抗大斑病，感小斑病、弯孢菌叶斑病、瘤黑粉病，高感茎腐病。

（3）中农大甜413：在黄淮海地区出苗至采收期74.4天，籽粒黄白双色，适宜在夏玉米区作为鲜食甜玉米种植。高抗瘤黑粉病，抗矮花叶病，感大斑病、小斑病和弯孢菌叶斑病，高感茎腐病和玉米螟。

3. 糯玉米

（1）郑黑糯1号：在黄淮海地区出苗至最佳采收期81天，籽粒黑紫色。抗大斑病，中抗小斑病、茎腐病等，高感矮花叶病、玉米螟等。

（2）郑彩糯948：夏播生育期93天，籽粒为黄、白、黑、紫等五彩粒，硬粒型，适宜作为鲜食玉米种植。高抗瘤黑粉病、矮花叶病、茎腐病，抗小斑病，中抗大斑病、弯孢菌叶斑病、玉米螟。

（3）郑黑糯2号：出苗至采收期78天左右，籽粒黑色，适宜作为鲜食糯玉米品种种植。抗大斑病和小斑病，感玉米螟，高感茎腐病和矮花叶病。

4. 爆裂玉米

（1）黄玫瑰：生育期105天，籽粒黄色，平均百粒重11克，双穗率70%，亩产150～200千克。

（2）申科爆1号：珍珠型大粒型爆裂玉米品种，春播生育期112天，夏播生育期101天，籽粒橘黄色，有光泽，平均百粒重17.1克，2014～2015年参加国家爆裂玉米品种区域试验，两年平均亩产365.1千克。

（3）郑爆2号：珍珠粒型爆裂小粒型玉米品种，籽粒黄色，平均百粒重13.0克，平均亩产250千克，适宜春播。抗大斑病、小斑病、丝黑穗病、茎腐病、灰斑病、粗缩病和弯孢菌叶斑病。

5. 青贮玉米

（1）郑青贮1号：出苗至青贮收获期122天，2004～2005年参加青贮玉米品种区域试验，平均每亩生物产量（干重）1 284.4千克，适宜在河南中部夏玉米区作为专用青贮玉米品种种植，注意防止倒伏。抗大斑病和小斑病，中抗丝黑穗病、矮花叶病和纹枯病。

（2）豫青贮23：出苗至青贮收获117天，2006～2007年参加青贮玉米品种区域试验，平均每亩生物产量（干重）1 401.0千克。高抗矮花叶病，中抗大斑病和纹枯病，感丝黑穗病，高感小斑病。

三、红薯新品种

1. 淀粉型

（1）商薯19：薯块纺锤形，皮色深红，肉色特白。晒干率36%～38%，淀粉含量23%～25%，淀粉特优特白。连续两年参加全国区试，鲜薯和薯干产量居首位，春薯平均亩产5 000千克，夏薯平均亩产3 000千克左右。

（2）徐薯25：结薯早，薯块长纺锤形，红皮白肉。春薯烘干率28.15%，出粉率16.17%。耐寒、耐涝。高抗甘薯根腐病，中抗甘薯茎线虫病和黑斑病。

2. 食用型

济薯22号：2009年生产试验，平均亩产鲜薯2 211.9千克，在平原旱地或丘陵甘薯产区作为食用型品种种植。抗根腐病、茎线虫病，感黑斑病。

3. 紫薯型

（1）烟紫薯1号：薯皮紫色，薯肉深紫色。抗根腐病、黑斑病和茎线虫病。

（2）济薯18：薯块纺锤形，薯皮紫红色，薯肉紫色，薯块膨大早，耐旱、耐瘠性好，耐肥、耐湿性稍差。中抗根腐病、黑斑病和茎线虫病。

4. 叶菜型

（1）泉薯830：茎叶茸毛少，烫后颜色绿色，有香味、无苦涩味、微甜、有滑腻感。抗根腐病，高感茎线虫病，中抗蔓割病，感红薯瘟病。

（2）福薯10号：茎尖无茸毛，烫后颜色绿色，有香味，无苦味，略甜，有滑腻感。中抗根腐病、黑斑病，感蔓割病。

四、大豆新品种

1. 商豆1099 夏大豆有限结荚型中熟品种，6月上、中旬播种，9月下旬成熟，生育期107天。抗倒伏性强，落叶性好；抗病毒病、紫斑病。

2. 豫豆29号 有限结荚型，生育期109天。抗倒伏、抗病性好，适宜夏播。

五、花生新品种

1. 大果型

（1）远杂9847：直立疏枝连续开花型花生品种，夏播生育期110天左右。2010年全国北方区大花生生产试验，平均荚果产量291.3千克/亩，平均籽仁产量215.1千克/亩。高抗网斑病，抗叶斑病、病毒病、锈病、根腐病。

（2）豫花47：疏枝直立型花生品种，生育期109～114天。2015年河南省夏播花生生产试验，平均亩产荚果344.1千克、籽仁242.6千克，适宜各棉区春播种植。抗网斑病、茎腐病，中抗叶斑病，感锈病。

2.小果型

（1）远杂12号：疏枝直立珍珠豆型花生品种，生育期109～114天。2015年河南省夏播花生生产试验，平均亩产荚果343.6千克、籽仁245.7千克。抗叶斑病、茎腐病，感网斑病、锈病。

（2）信花425：疏枝直立珍珠豆型花生品种，生育期110～114天。2015年河南省小粒型花生生产试验，平均亩产荚果293.7千克、籽仁212.5千克。高抗网斑病，中抗叶斑病，抗茎腐病，感锈病。

3.高油酸型

（1）豫花37号：珍珠豆型花生品种，2014年河南省珍珠豆型花生品种生产试验，平均亩产荚果339.0 千克、籽仁247.3千克。抗茎腐病，高抗网斑病，中抗叶斑病，感锈病。

（2）开农1715：直立疏枝连续开花型花生品种，生育期122～123天。2013年河南省麦套花生生产试验，平均亩产荚果386.7千克、籽仁265.6千克，适宜春播和麦套种植。抗网斑病、叶斑病，耐锈病，高抗茎腐病。

（3）开农71：疏枝直立型花生品种，生育期114～115天。2014年河南省夏播花生品种生产试验，平均亩产荚果351.6千克、籽仁251.2千克，适宜夏播。抗茎腐病，中抗叶斑病，感网斑病、锈病。

六、油菜新品种

1. 信油杂2906　为甘蓝型半冬性双低杂交油菜品种，生育期229.3～234.4天。2013～2014年度河南省生产试验，平均亩产198.6千克。低抗菌核病，抗病毒病、霜霉病和白锈病。

2. 杂双5号　为甘蓝型弱春性双低杂交油菜品种，生育期229天，平均亩产205.3千克，芥酸含量 0.01%，硫苷含量28.36微摩尔/克饼，含油量47.54%。具有较强的抗寒性、抗（耐）病性和抗倒性。

七、谷子新品种

1. 豫谷11　中秆紧凑型品种，生育期90天。耐涝性 1 级，抗旱 2 级，抗倒伏。高抗谷锈病、谷瘟病、白发病，中抗纹枯病。

2. 金谷1号　中早熟品种，生育期88天左右。抗线虫病、谷瘟病、谷锈病、褐条病、红叶病和线虫病。

3. 张杂谷11号　春播生育期125天，夏播90天，单秆无蘖，一般亩产600千克，适宜在肥水条件好的地区种植。抗旱、抗倒、适应性强、高产稳产、适口性好。

八、芝麻新品种

1. 郑芝98N09　单秆型优质高蛋白中早熟品种，全生育期86天。高抗茎点枯病、枯萎病，抗旱耐涝性强。

2. 郑芝14号　单秆型中早熟品种，全生育期87天左右，千粒重2.68克。5月20日至6月5日为最佳播期，最迟不宜超过6月15日。

3. 豫芝23号　单秆型中早熟品种，全生育期90天左右，2014～2015年参加河南省芝麻区域试验，平均产量100千克/亩。抗病、耐渍、抗旱，抗倒伏能力强，丰产性和稳产性好。

九、油葵新品种

1. 美国超级矮大头（677DW） 油用型中早熟三系杂交种，生育期90～105天，高产，亩产可达375千克以上。抗倒伏及抗冰雹等灾害能力极强，抗炭腐病、锈病、霜霉病等，中抗菌核病。

2. 油葵S31（Hysun33） 晚熟品种，从出苗到成熟100～110天，百粒重55～59克，含油率46%～50%。抗倒、耐旱、耐瘠薄，抗菌核病、霜霉病。平均亩产200～300千克。

3. 博葵792 食油兼用型，籽粒比普通油葵含油脂量高，口感极香，单盘可产干籽粒250克以上，一般亩产可达350千克。较抗病、抗倒伏。

§3.2 果树新品种

一、苹果树新品种

1. 华硕 郑州果树所选育的早熟新品种，平均单果重232克，果面光洁，着鲜红色，果形端正高桩，果肉脆甜，有香气，可溶性固形物含量13.8%，8月上中旬成熟。

2. 四代新红星——首红 果个中等，平均单果重180克，果实圆锥形，果顶五棱突起，全面着浓红色，蜡质层厚，果肉淡青白色，肉质细腻、松脆、多汁，9月上中旬成熟。

3. 蜜脆 果实圆锥形，果个大，单果重330～500克，果面底色黄色，果面60%～90%为红色，海拔高、阳光充足时，果面全着色。果肉汁多，味香，微酸，特别脆，9月上中旬成熟。

4. 烟富8　果实高桩大形，果肉黄色，甜度高，色泽艳丽，初为条红，后为全红，树冠上下内外均着色好，10月上中旬成熟。

5. 瑞阳　果形端正，果个较大，平均单果重282.3克，底部黄绿，全面着鲜红色，肉质细腻、松脆、多汁、味甜，10月中旬成熟。

二、梨树新品种

1. 秋月梨　9月上中旬成熟，果个大，平均单果重450 克，最大可达1 000 克。果形端正，果实整齐度极高，商品果率高。果形为扁圆形，果皮黄红褐色，果色纯正；果肉白色，肉质酥脆，口感清香。

2. 玉露香梨　8月上中旬成熟，果个大，平均单果重236.8克，最大果重450克。果实近球形，果面光洁细腻，具蜡质，保水性强。阳面着红晕或暗红色纵向条纹，采收时果皮黄绿色，贮后呈黄色，色泽更鲜艳。果皮薄，果心小。果肉白色，酥脆，无渣。

3. 黄冠梨　8月中旬成熟，果个大，果实椭圆形，平均单果重235克，最大果重360克。果皮黄色，果点小。果心小，果肉洁白，肉质细腻、松脆，石细胞及残渣少。风味酸甜适口，并具浓郁香味，品质综合评价上等。

4. 华山梨　淮河以北9月上中旬成熟，常温下可储藏20天左右，冷藏可储藏6个月。果实圆形，平均单果重300～400克，为特大果形。果肉乳白色，石细胞极少，果心小，肉质细腻、松脆，味甘甜，品质极佳。

5. 翠冠梨　果实近圆形，黄绿色，果肉雪白色，肉质细嫩，石细胞极少，味浓甜，可溶性固形物含量12%～14%，平均单果重200克，最大500克，7月上、中旬成熟，风味带蜜香，品质上等。

三、桃树新品种

1. 春雪　6月中下旬成熟，果实圆形，果顶尖圆，平均单果重200克，最大果重366克。果皮全面浓红色，不易剥离，果肉白色，肉质硬脆，纤维少，风味甜、香气浓，不落果。

2. 突围 6月中旬成熟，平均单果重219克，最大果重486克以上，成熟全面乳红，如同套袋桃，亮丽鲜红，成熟期甜度可达16.8%，口感甜蜜。

3. 中桃红玉 6月上中旬成熟，果实圆整，果平顶，全红，肉质硬，平均单果重200克。完全成熟后果肉红色，硬溶质，风味甜。

4. 中蟠桃11号 7月20日左右成熟，果实扁圆形，平均单果重200克。果肉黄色，硬溶质，肉韧致密，耐运输，果梗处不会撕开，货架期长，风味浓甜。

5. 中油蟠桃5号 6月底成熟，果形扁平，平均单果重180克。果肉黄色，硬溶质、致密，风味浓甜。

四、葡萄树新品种

1. 阳光玫瑰 8月初开始成熟，果穗圆锥形，穗重600克左右，平均果粒重8～12克。果肉鲜脆多汁，有玫瑰香味，可溶性固形物20%左右，最高可达26%，鲜食品质极优。

2. 美人指 9月上中旬成熟，果穗中大，盛果期穗重400克，粒重11～12克，先端紫红色，光亮，基部稍淡，果肉脆，无香味，味甜爽口。

3. 红巴拉多 7月上中旬成熟，为极早熟品种。果穗大，平均单穗重600克。果实大小均匀，果皮鲜红色，皮薄肉脆，可以连皮一起食用，含糖量高，不易裂果，不掉粒，早果性、丰产性和抗病性较好。

4. 醉金香 8月上旬成熟，果穗圆锥形、大穗，平均穗重800克。成熟时为金黄色，具有浓郁的茉莉香味，肉质软硬适度，适口性好，品质上等。

5. 金手指 果穗中等大，平均穗重445克，果粉厚，极美观，有浓郁的冰糖味和牛奶味。果皮薄，可剥离，可以带皮吃。

§3.3　小麦农事月历

一、9月份农事安排

9月份是小麦的备播期，重点要做好备播工作。

主要节气：白露和秋分。

农事谚语：昼夜均等是秋分，小麦备播要打紧；优麦种植要订单，签订协议要当心。

1. 适时灌好播前水　秋茬麦田播种前一定要灌好串茬水，一般在秋收作物收获前10天进行，播种时要求土壤含水量要达到16%～18%。尤其是玉米秸秆还田的地块，土壤比较疏松，必须饱浇底墒水，踏实土壤，做到足墒下种。

2. 选择优良品种　根据当地的气候环境以及土壤条件来选取适合当地的小麦优良品种。一般要选用矮秆抗倒伏、穗大粒多、丰产性好、抗逆性强、抗病性高、品质好的品种。

3. 做好种子处理工作　一般采用100千克种子用3%敌萎丹悬浮种衣剂200毫升包衣，可防治小麦根腐病、小麦腥黑穗病、散黑穗病、小麦颖枯病；也可采用100千克种子用2.5%适乐时悬浮种衣剂100～200毫升，对水1 000～2 000毫升拌种。包衣或拌种时量取剂量要准确，种子着药要均匀一致，腹沟必须沾上药，触摸不掉药粉。

4. 秸秆还田　要努力做到“切碎、撒匀、深埋、压实”。

5. 防治病虫害　玉米钻蛀性害虫、丝黑穗病、瘤黑粉病发生严重的地块，不要进行秸秆还田。有病的秸秆应烧毁或高温堆腐后再还田。

6. 整地施肥　做好精细整地、免耕播种、配方施肥、耙耢镇压等工作。

二、10 月份农事安排

10 月份是小麦的播种期，栽培管理重点是精细播种。

主要节气：寒露和霜降。

农事谚语：寒露前后种麦紧，深耕精播出苗匀；白龙灌水虽然好，打好畦田是根本；预留行来预留地，结构调整思路新。

1. 播期 根据气温、土壤墒情、品种特性和气候选择适宜的播期。一般应在10月上、中旬播种，最晚不超过10月下旬。

2. 播量 土壤肥沃、水肥较充足的麦田，小麦分蘖较多、成穗也较多，播种量适当减少；地力瘠薄、水肥条件差的麦田，分蘖减少，播种量应该相应增加。一般地块基本苗控制在20万/亩左右（播量10 ~ 12.5千克/亩）；晚播地块基本苗控制在20万 ~ 25万/亩（播量12.5 ~ 15千克/亩）。在适播期过后播种可再适当增加播量，每推迟3天增加0.5千克/亩播量，但每亩最多不能超过15千克。

3. 播深 气候干旱、土质松软、墒情不足时，播种应深些，一般播深以4 ~ 5厘米为宜；土质黏重、墒情充足的地块，可稍浅一些，一般播深以4 ~ 4.5厘米为宜；沙质土壤一般播深4.5 ~ 5厘米，但不宜超过6厘米。前期防浅，后期防深，7天出苗为宜。

三、11 月份农事安排

11 月份是小麦的冬前分蘖期，栽培管理重点是培育壮苗。

主要节气：立冬和小雪。

农事谚语：霜花遍地十一月，农业冬管急上急；小麦进入分蘖期，查苗补栽莫迟疑；夜冻日消浇麦好，促根增蘖奠良基。

冬前壮苗标准：主茎长出6 ~ 7片叶，单株茎蘖数5 ~ 7个，次生根7 ~ 9条，每亩总茎蘖数60万 ~ 80万个。

1. 因地制宜，分类管理　对底肥充足、生长正常、群体和土壤墒情适宜的麦田，冬前一般不再追肥浇水，只进行中耕划锄；对于墒情较差的麦田，或者是整地质量差、地表坷垃多、秸秆还田量较大的麦田，应抓紧浇水，以沉实土壤，培育冬前壮苗；对播种偏深的地块，要及时退土清棵，减薄覆土层，使分蘖节保持在地面以下1.0～1.5厘米，促使早分蘖，冬前形成壮苗；对地力较差、底肥施用不足、有缺肥症状的麦田，应抓住冬前有利时机追肥浇水，并及时中耕松土，促根增蘖，一般结合浇水亩追尿素8～10千克；对于旺长麦田，要控制地上部旺长，培育冬前壮苗，防止越冬期低温冻害和后期倒伏；对于播期偏晚的晚茬麦田，田间管理要以促为主。

2. 适时浇好越冬水　一般麦田，尤其是悬根苗，以及耕种粗放、坷垃较多及秸秆还田的地块，都要浇好越冬水。特别是造墒浇水量少和抢墒播种的地块，适期浇好越冬水，意义更大。墒情较好的旺长麦田，可不浇越冬水，以控制春季旺长。

3. 防除杂草和地下害虫　做好杂草防除和地下害虫防治工作。

4. 镇压　冬前镇压可踏实土壤，增温保墒，促进根系生长。

四、12 月份至翌年 2 月份农事安排

12 月份至翌年 2 月份，小麦进入越冬期，栽培管理重点是保安全越冬。

主要节气：大雪、冬至、小寒、大寒、立春、雨水。

农事谚语：俗语瑞雪兆丰年，夜冻日消搞冬灌；分蘖之后搞化除，因苗制宜肥水管；小寒大寒在其间，气候寒冷到极点；小麦已进越冬期，越冬作物保安全。

1. 施肥浇水　冬肥用量不宜过大，要因苗制宜，中产麦田每亩用量约占追肥量的20%，未施底磷肥的地块，应氮磷配合。已施足底化肥的麦田，不追冬肥。浇冬水要在日均气温7～8℃夜冻昼消时进行。晚茬麦湿度大的情况下不宜浇冬水。

2. 深耕、松土 中等肥力以上的水浇麦田，立冬后每亩总蘖数达到计划穗数的1.5倍时，进行深耕断根，深度10厘米。深耕后，立刻耧平踏实，避免压苗和透风失墒，并要及时浇冬水。麦田浇过冬水后，易造成地表板结，出现裂痕，泥土水分易失，拉断麦根，冻死麦苗，必须及时进行划锄松土。

3. 防御冻害 除使用良种，施足底肥，培养壮苗外，还应在越冬期施用农家肥盖麦，以保温、肥田、防冻。小麦叶片受冻，只要分蘖节没有冻死，及早施用速效化肥，促苗转化；如遇干冻，追肥时要结合浇水。

五、3月份农事安排

3月份是小麦返青起身期，是决定小穗数和争取分蘖成穗的关键时期，栽培管理重点是促弱抑旺，促进分蘖成穗，提高成穗率，增加穗粒数。

主要节气：惊蛰、春分。

农事谚语：3月惊蛰春分连，作物病虫解冬眠；促分蘖来多成穗，穗足粒多创高产。

1. 加强肥水管理

（1）以促为主，搞好弱苗麦田的管理。

（2）促控结合，搞好壮苗麦田的管理。

（3）以控为主，搞好旺长麦田的管理。

（4）趁墒追肥，搞好旱地麦田的管理。

2. 防止倒伏 对于群体偏大有旺长趋势的麦田，在小麦起身期喷施20%的壮丰安乳油，每亩用量40～50毫升，对水30～40千克，进行叶面喷施，控制旺长，缩短基部节间，防止倒伏。也可喷施磷酸二氢钾，壮秆防倒。

3. 防除病虫草害 做好防治纹枯病、红蜘蛛、条锈病等工作，并要进行杂草防除。

4. 防止晚霜冻害 要密切关注天气变化，在寒流来临前，采取浇水、喷洒防冻药物等措施，预防春季晚霜冻害发生。

5. 划锄提温保墒　地表刚解冻时，要抓紧锄麦松土，能够起到透气、增温、保墒的作用，促使麦苗早发稳长。

六、4 月份农事安排

4 月份小麦陆续拔节、孕穗、抽穗、开花，关系着小麦成穗数、穗粒数，栽培管理重点是促控结合。

主要节气：清明、谷雨。

农事谚语：4月清明谷雨天，小麦管理任务艰；挑旗抽穗开花期，病虫防治紧相连。

1. 浇好拔节孕穗水　小麦进入孕穗期以后，就进入了日耗水量最大的时期，需要补充充足的水分，孕穗期肥水可以促进小花分化，促进小麦灌浆，结合浇水还可以进行吸浆虫蛹期防治。浇孕穗水的原则和时间顺序是：先浇三类麦，再浇二类麦，后浇一类麦；先浇缺墒麦，后浇其他麦。浇水要浇足水。

2. 施好拔节肥和孕穗肥

（1）拔节肥：对地力水平较高的一类麦田，可在拔节中后期追肥浇水，每亩施尿素 8 ~ 12 千克；对地力水平一般的麦田，可在拔节初期结合浇水亩施尿素 10 ~ 14 千克，以提高分蘖成穗率，促穗大粒多；对二类麦田，可在拔节初期结合浇水亩施尿素 10 ~ 15 千克，促苗稳健生长，提高分蘖成穗率。

（2）孕穗肥：根据优质小麦生产“氮肥后移延衰栽培”技术的要求，对有浇水条件的小麦地块应把 30% ~ 50% 的氮素化肥在拔节初期进行追施。凡没有施拔节肥的，孕穗期有缺肥症状时，要施孕穗肥，一般每亩追施尿素 2 ~ 3 千克。

3. 防止倒伏　小麦的倒伏多发生在抽穗后，但倒伏的成因是在拔节到孕穗期形成的，在中、高肥力及密度较大的田块于小麦基部第一节间开始伸长时，每亩用15%的多效唑可湿性粉剂8克，对水75千克喷施，可起到矮化防倒作用，同时促进增产。

4. 根外追肥 一般在乳熟期前以喷施磷酸二氢钾、过磷酸钙浸出液、草木灰浸出液为主，也可以加入少量氮肥。

5. 防治病虫害 采取有效措施，综合防治白粉病、锈病、赤霉病、吸浆虫、麦穗蚜等病虫害。

七、5 月份农事安排

5 月份为小麦灌浆期，管理的中心任务是养根护叶，防止早衰或贪青，保花增粒，促进灌浆，要加强肥水管理和病虫害防治。

主要节气：立夏、小满。

农事谚语：立夏小满5月间，小麦灌浆粒重添；防治病虫干热风，养根护叶早衰免；灌浆水分很重要，有风不浇保平安；麦收准备要用心，充分打好提前战。

1. 适时浇好灌浆水 如果灌浆期降水量很少，可以考虑浇灌浆水；土壤肥力高、墒情好的地块可不浇灌浆水，而土壤墒情不足的麦田则应浇灌浆水；群体偏大、生长过旺、具有倒伏风险的地块尽量不浇灌浆水，否则一旦出现倒伏，产量降低更多，风险更大。 灌浆期浇水时要做到小水轻浇，大风雨来临前严禁浇水，以免引起倒伏。

2. 叶面喷肥 小麦生长后期，根系吸收能力减弱，叶面追肥可延长小麦叶片功能期，提高光合作用，防病抗倒，减轻干热风危害，增加粒重。可亩用0.3%的磷酸二氢钾加1%～2%尿素混合液进行叶面喷施。一般在抽穗期和灌浆期各喷施1次，脱肥田应10天喷1次，可与防治病虫结合进行。

3. 预防倒伏 小麦抽穗前倒伏可减产30%～40%，灌浆期倒伏可减产10%～30%。后期养根保叶有利于防止倒伏，保证旱能浇、涝能排，特别是阴雨天气，使田间不积水，不受渍，保持土壤的通透性。

八、6 月份农事安排

6 月份为小麦收获期，重点是适时收获、颗粒归仓。

主要节气：芒种、夏至。

农事谚语：芒种季节麦收忙，虎口夺粮不一般；夏收夏种和夏管，件件都要记心间；机械收割麦茬高，焚烧麦茬不安全。

小麦籽粒成熟分为乳熟期、蜡熟期和完熟期三个阶段。在蜡熟末期，小麦籽粒中干物质积累达到高峰，品质好，产量最高，生理也完全成熟，是人工收获的最佳季节。取出麦粒用手指一划，如果呈现出蜡状，这就说明到了蜡熟期，这时是产量最高的时候，应马上抢收。完熟期后，麦粒养分会倒流入秸秆，造成粒重下降，每亩减产将达 30 ~ 50 千克；如遇阴雨连绵，籽粒又会生芽发霉，品质变差，损失更大。因此，掌握收获时机，适时抢收非常关键。一天当中，9 ~ 11 时、16 ~ 18 时小麦不潮湿，容易脱粒，且不过于干燥，容易做到颗粒归仓。

§3.4　夏玉米农事月历

一、5 月份农事安排

5 月份是夏玉米的备播期，重点工作是玉米备播。

主要节气：立夏和小满。

农事谚语：麦套玉米防缺墒，麦垄点种半月前；麦收准备要用心，充分打好提前战。

1. 耕地准备　小麦田间联合收割作业时应在田间持水量低于75%时进行；留茬高度应不超过10厘米；选用带有麦秸粉碎与抛撒装置的小麦联合收割机，麦秸粉碎长度应在5厘米左右，抛撒均匀。若无抛撒装置，人工抛撒则要均匀，或将其移位于准备播种的玉米行间，以利于玉米播种。

2. 种子准备　选择通过审定的抗病耐病、高产潜力大、品质优良的品种，不同品种要合理搭配种植，并做好种子发芽试验。

3. 肥料农药准备 根据土壤肥力、目标产量需肥量、品种特性、土壤特点选择合适的肥料，准备除草剂和杀虫剂、杀菌剂等农药。

二、6月份农事安排

6月份是夏玉米的播种出苗期，栽培管理重点是抢时播种，培育壮苗。

主要节气：芒种和夏至。

农事谚语：夏收夏种和夏管，件件都要记心间；机械收割麦茬高，焚烧麦茬不安全；夏季高温蒸发快，麦秸麦糠来盖田；病虫草害综合防，秋季作物要早管。

1. 抢时早播种，抢浇出苗水 遵循“越早越好”的原则，抢时早播，播后立即抢浇出苗水（蒙头水），要浇足、浇透，以利出苗；甜玉米最好先浇地造墒再播种，以保证出苗齐全。

2. 实施精细机播 麦茬地推广带秸秆切碎、抛撒功能的联合收割机收获小麦，控制留茬高度和切碎长度，麦秸切碎长度应小于10厘米，杜绝麦秸堆积。推广种肥一体化播种机，保证播种深度一致。

3. 科学配方施肥 夏玉米施肥应遵循“保障氮肥、稳定磷肥、增施钾肥、配施微肥”的原则，搞好配方施肥。

4. 防控病虫草害 推广使用带有喷药装置的播种机，实现播种后喷洒土壤封闭型除草剂一次性完成。

5. 苗期管理 玉米苗期主要是长根、增叶、茎叶分化，是决定叶数和节数的时期，耐旱怕涝。苗期管理的主攻目标是促根壮苗，争取苗全、苗齐、苗壮，为高产打下基础。主要做好化学除草、查苗补种、间苗定苗、蹲苗、深中耕、追肥、病虫害防治等工作。

三、7月份农事安排

7月份是夏玉米的三叶期至拔节期，栽培管理的重点是促秆壮穗。

主要节气：小暑和大暑。

农事谚语：小暑大暑烈日炎，温度最高三伏天；高温积肥黑臭烂，沃土工程做示范；7月雨季防好汛，秋季丰收多卖钱。

1. 科学、适时追肥　玉米拔节期结合降雨和灌水及时进行追肥，在拔节至孕穗末期施攻穗肥，可以促进果穗发育和小花分化，提高结实粒数，应以氮肥为主，亩追施量一般为7～12千克，大喇叭口期亩追施尿素10～15千克。

2. 合理浇水，及时排灌　玉米进入大喇叭口期对水分敏感，有灌溉条件的地方，应及时浇水抗旱，预防“卡脖旱”。如果遇暴雨积水要及时排涝，特别是在灌浆期间，更要注意防洪排涝，以防烂根早衰影响产量。玉米田在拔节期亩灌水量50～60吨，大喇叭口期亩灌水量60～70吨，此期玉米对水分的要求极为敏感，不能缺水。

3. 防止倒伏，控制徒长　当玉米叶片长到9～12片时，用玉米矮壮素喷施，以防止玉米徒长及控制玉米株高。从而促进植株叶壮、穗大、粒多，有效提高玉米的产量。根据其田间长势，为了防止玉米倒伏，促进健壮，及时合理地使用矮壮素、健壮素，一般亩用矮壮素或健壮素20～30毫升，对水30千克，进行叶面喷施。

4. 中耕培土，清除杂草　合理中耕不仅能有效去除杂草，还可提高地温，促进植株生长，中耕不宜过深，以4.5～6厘米为宜，以免伤根。并要及时培土，将玉米植株根部的土层增厚，形成20厘米左右的高垄，以防止风雨造成玉米倒伏。清除杂草可选用化学除草，喷药时喷头应安装防护罩，以免药液飘移，伤害玉米叶片及周边作物。

5. 病虫害防治　此期要注意防治玉米穗腐病、瘤黑粉病、玉米螟、红蜘蛛、蚜虫等病虫害。

四、8月份农事安排

8月份是夏玉米的抽雄吐丝开花期，栽培管理的重点是确保群体合理和授粉充分，促叶壮秆成大穗，为穗大粒多打基础。

主要节气：立秋和处暑。

农事谚语：玉米授粉在立秋，以水调肥保丰收；处暑以后花吐絮，控旺治虫莫罢休。

1. 浇水防旱 玉米抽雄至吐丝期耗水量大、对干旱胁迫的反应也最敏感，是玉米一生当中的水分“临界期”，占一生耗水总量的30%～35%，干旱、缺水会造成不同程度的减产，甚至绝收，严重影响产量。在土壤相对含水量低于70%时，要及时浇水，避免干旱造成减产。

2. 酌情追施花粒肥 抽雄至吐丝期间追施的肥料称为花粒肥，主要作用是促进籽粒灌浆，防止后期植株早衰，提高千粒重。花粒肥以速效氮肥为宜，施肥量不宜过多，一般每亩可追施尿素7.5～10千克，在玉米行侧深施或结合灌溉施用。花粒肥主要适用于高产田和高密度田块。

3. 加强中耕培土 中耕可以改善土壤的通透性和肥水供应状况，促进根系发育，还可清除杂草，培土能增加玉米气生根的形成。中耕培土，又可增强玉米抗倒伏性能。由于夏季易下暴雨刮大风，往往造成玉米倒伏。因此，在玉米追肥后要及时培土，防止倒伏的发生。

4. 病虫害防治 花粒期是植株生殖生长旺盛和籽粒产量形成的关键时期，该时期是各种叶斑病的发病时期和病毒病、疯顶病、瘤黑粉病、茎腐病等多种病害的显症时期，也是果穗害虫为害的高峰期。穗期是瘤黑粉病、顶腐病、叶斑病、褐斑病、玉米蚜虫、玉米螟、桃蛀螟、红蜘蛛和棉铃虫等病虫害的盛发期，要及时防治。

五、9月份农事安排

9月份是玉米的灌浆成熟期，栽培管理的重点是提高结实率，防早衰增粒重，适期收获。

主要节气：白露和秋分。

农事谚语：乳线消失玉米熟，适时收获莫延误。

1. 增施“攻粒肥” “攻粒肥”施用不宜过多，否则会造成玉米贪青晚熟。如果地力好、底肥足，植株生长正常，一般可不施。如果地力瘠薄、底肥少，植株发黄，有脱肥表现，每亩可施硫酸铵4～5千克。高产夏玉米生育后期需肥量较大，对灌浆期表现缺肥的地块，还可采用叶面追肥的方法快速补给。灌浆期间用1%～2%的尿素溶液、3%～5%的过磷酸钙浸提液或0.1%～0.2%磷酸二氢钾溶液叶面喷施，喷洒时间最好在下午4时后进行，可延长叶片功能期，增加粒重。

2. 及时灌水 玉米灌浆期是玉米生长需水的第2个高峰期，适当灌水可使玉米后期绿叶数下降缓慢，种子千粒重增加，增产效果显著。在玉米灌浆期灌水，可提高玉米的结实率，促进养分转移，保证籽粒饱满，提高产量和品质。玉米灌浆期及时灌水，可使玉米增产20%左右。此时期如遇干旱，必须及时进行灌溉，才能保证玉米高产、稳产。

3. 防治病虫害 主要防治玉米螟、茎基腐病、蚜虫、红蜘蛛、三代玉米螟、白星花金龟等。

4. 适时收获 夏玉米籽粒乳线消失时就可以收获，在不耽误下茬小麦播种的情况下适当晚收。

§3.5 夏直播大豆农事月历

一、5月份农事安排

5月份是夏直播大豆的备播期，重点做好备播工作。

1. 耕地准备 实行3年以上不同作物的轮作，做到不重茬、不迎茬。根据本地区的作物种植比例，以及不同作物对地力、肥力、空间合理利用和生产力水平来确定，在轮作中要充分发挥大豆的肥茬作用，使各种作物得到最有效的轮换。夏大豆的轮作一般是把大豆种在冬小麦（油菜）之后，为一年两熟或与小麦（油菜）、玉米等进行轮作、间作两年五熟制。

2. 选用良种 根据当地的自然条件、耕作制度和栽培目的，选择适应性好、高产优质、抗逆性强、生育期和油分、蛋白质适宜的优良品种。

3. 种子处理 拣除杂质杂粒、病虫粒、秕小粒和破瓣，留取饱满、大小一致的种子。发芽率应在90%以上。播前晒种1～2天。提倡使用包衣种子。大豆施钼肥是一项经济有效的增产措施，可用1%～2%钼酸铵溶液拌种。微肥拌种和种子包衣同时应用时，应先微肥拌种，阴干后再进行种子包衣，以防发生药害。

4. 施足底肥 增施肥料是大豆高产的保障，大豆是需肥较多的作物，不仅种类多，而且数量大。每生产100千克大豆要吸取6.27～9.45千克纯氮、1.42～2.6千克磷、2.08～4.9千克纯钾。根瘤菌固定的氮仅可供大豆一生需氮量的1/2～2/3，不足部分需要通过土壤施肥补充。大豆底肥亩施有机肥2 500千克以上，缺钾地块亩施钾肥8～10千克、锌肥1～2千克、硼肥0.5千克。

二、6月份农事安排

6月份是夏大豆的播种期和幼苗期，栽培管理的重点是精细播种，促苗全、苗匀、苗壮。

1. 适期早播 麦收后抓紧抢种。生育期在100天以上的品种，6月10日以前为适播期；生育期100天以下的品种，6月15日以前为适播期。宜早不宜晚，正常情况下不要超过6月20日。播种时土壤含水量在20%左右称为足墒。如墒情不足，要浇水造墒，及时播种。

2. 合理密植 根据地力、播期、品种特性确定适宜的密度。水肥地宜稀，旱薄地宜密；晚熟品种宜稀，早熟品种宜密；早播宜稀，晚播宜密；植株高大、株型松散的品种宜稀，植株矮小、株型紧凑的品种宜密；分枝型品种宜稀，独秆型品种宜密；无限分枝品种宜稀，有限分枝品种宜密；叶片大而圆的宜稀，叶片小而尖的宜密。河南省目前夏大豆合理的密度范围为每亩1.0万～2.0万株。5月下旬至6月上旬播种，肥地以每亩 1.0万～1.2

万株，薄地以每亩1.6万～2.0万株为宜。

3. 播种深度　一般为3～5厘米。

4. 免耕机播　小麦收获后采用机械免耕播种，精量匀播，开沟、施肥、播种、覆土一次完成，省工省时，出苗整齐。

5. 防除杂草　免耕覆盖田可于播种后出苗前喷洒化学除草剂进行土壤封闭，或大豆出苗后用化学除草剂对杂草进行茎叶处理灭杂草。

6. 及早间苗　齐苗后立即进行间苗，出现复叶后进行定苗。间苗要拔掉病苗、弱苗、小苗及其他品种的混杂苗，留好苗、纯苗，做到合理留苗，等距匀苗。

7. 摘心断根　夏大豆种子发芽后8～10天、两子叶之间发生第1初生叶时进行摘心。摘心的时间最迟为两片真叶一心期，再晚将影响产量。同时，用浅犁从地表下5～6厘米深处将主根切断，促使侧根生长。断根之后将表土压实，以防跑墒死苗。如土壤墒情差，应提前浇水，以利于大豆正常生长。

8. 追肥促苗　在施足底肥的基础上还要每亩追施速效氮肥5千克，磷、钾肥各3千克，微肥一般采用叶面喷施。

三、7月份农事安排

7月份是夏大豆的分枝期，栽培管理的重点是促壮、防旺、增花、增荚。

1. 中耕培土　大豆分枝期及时进行中耕灭茬，以调节土壤水分，疏松土壤，消灭杂草。结合中耕，在宽行内培土防倒和方便浇水及排涝。

2. 巧施追肥　大豆追肥的最佳时期是分枝期到初花期（7月中、下旬）。每亩追施磷酸二铵或大豆专用肥15～20千克。可采用独腿耧沟施，避免撒施。

3. 及时浇水　7月中旬，若土壤相对含水量低于65%，应及时浇水，以满足大豆需水。

4. 化学控旺　如有旺长趋势，初花期每亩用15%多效唑50克对水50千克进行叶面喷洒，或用25%助壮素水剂15毫克对水50千克喷施。如盛花期仍有旺长，用药量可以增加20%进行第二次控制旺长。

四、8月份农事安排

8月份是夏大豆的开花结荚期和鼓粒期，栽培管理的重点是保绿叶、防落荚、防秕荚、增粒重。

1. 促弱控旺 进入初花期的大豆若长势较弱，初花期至盛花期仍不能封行的田块，可在初花期的雨前或者浇水前每亩追施尿素3 千克或磷酸二铵5 千克；或在盛花期和终花期分别叶面喷肥1次，每次亩用尿素0.2千克、磷酸二氢钾0.2千克，对水30千克左右；若密度较大，生长旺盛，初花期即封行有徒长趋势的田块，或遇阴雨连绵、氮肥量大造成豆株旺长，可于初花期每亩用15%多效唑30～50克均匀喷雾1～2次，两次间隔5～7 天，能明显降低株高，增强抗倒伏能力。

2. 防旱排涝 花荚期是大豆吸水速度最快、耗水量最多的时期，持续适宜的土壤墒情可促进植株生长，利于保花、保荚，提高产量和品质；当耕层土壤含水量低于16%，且预计在7～10 天内无降水的情况下要及时灌溉，不能在叶片凋萎后再进行灌溉。灌溉所用的水最好选用沟河塘水，灌溉应在上午10时前、下午15时以后进行为宜。大豆耐涝性较差，特别是开花结荚期遇淹水或受渍后易造成大量落花落荚，因此遇暴雨天气要注意开沟放水，排涝防渍。

3. 防病治虫

（1）病害防治：夏大豆开花结荚期常见病害有大豆紫斑病、大豆纹枯病、大豆霜霉病、大豆炭疽病、大豆灰斑病等，其中以大豆紫斑病较为常见。

（2）虫害防治：大豆开花结荚期多种害虫混合发生。叶部害虫有豆蚜、红蜘蛛、造桥虫、甜菜夜蛾、卷叶螟、豆天蛾、斜纹夜蛾等，钻蛀茎秆及叶柄等部位的害虫有豆秆黑潜蝇，蛀食幼荚的有豆荚螟和食心虫，以及为害根部的蛴螬（金龟甲）等。

4. 灌溉降温，保花保荚 8月中旬后，大豆极易遇到伏旱，这一时期光照强、温度高，如果气温达35℃以上，若此时大豆遇旱(根际土壤含水量低于16%)，植株中下部的幼荚、花及花芽因快速失水而干枯，从而造成大量落花落荚，植株体内氮素过剩，常常导致生长后期的贪青旺长。因此，花荚期豆田干旱必须及时灌溉。灌水可通过蒸发降低植株间温度，防止落花落荚，促进植株正常生长，增加产量，还有助于蛋白质积累，提高大豆品质。

五、9 月份农事安排

9 月份是夏大豆的成熟期，大豆栽培管理的重点是及时收获、颗粒归仓。

大豆收获适期的特征是：整株豆荚、豆粒呈现品种原有色泽，叶片大部分发黄脱落，荚皮干燥，籽粒收圆变硬，摇动时有响声，即为黄熟末期。爆荚品种、高油大豆适当早收，机械收获；高蛋白大豆适当晚收。收获后及时带荚暴晒，荚壳干透有部分爆裂再行脱粒，这样不仅可以防止种皮发生裂纹和皱缩，也有利于种子安全贮藏。

§3.6 春红薯农事月历

一、2 月份农事安排

2 月份的工作重点是育苗准备。

红薯育苗是红薯生产中的首要环节。由于早春气温低，各地薯农创造出许多适于本地的育苗方法和苗床形式。

1. 苗床准备 根据种植面积、育苗方法、育苗时间确定种薯数量、育苗用地和建床所需要的物资，如塑料薄膜、草苫、燃料、酿热物和其他用具等。苗床用地应选在背风向阳、地势高、排水良好、靠近水源、管理方便、3～5年未种过红薯且周围500米以内无普通带毒红薯种植的疏松土壤作苗床。如苗床是永久性的，用前要严格消毒灭菌，床土更新，避免病害传播。育苗前耕翻、耙平、整细，结合整地亩施农家肥5 000千克、碳酸氢铵40千克、尿素30千克，或用人粪尿代替，做成长度不限、宽1.2米的畦面。

2. 选用良种 根据用途不同选择适宜品种：高淀粉型有徐薯18、商薯19、豫薯7号、豫薯8号、豫薯12号、豫薯13号、梅营1号等；食用型有郑薯20、徐薯34、济薯18、苏薯8号等；果脯型有西农431、红香蕉等；保健型有川山紫、秦紫薯1号、群紫一号等。选择种薯应具本品种特征，种皮色亮光滑，生命力强，大小适中（0.15～0.25千克/个），严格剔除带病的、皮色发暗、受过冷害、薯块萎软、失水过多以及破伤的薯块。每亩用种量一般不少于75千克。

3. 育苗方式 可选择加温式和酿热式育苗。

二、3～4月份农事安排

3～4月份是育苗和苗床管理期，栽培管理重点是育壮苗、育足苗。

1. 种薯处理 用52～54℃温水恒温浸种薯10分钟，或用50%多菌灵500倍液或70%甲基硫菌灵500～700倍液浸种。

2. 排种时间 排种时间要与大田栽插时间相衔接，过早过晚都不好。采用大棚加温、火炕或温床育苗，应在当地红薯栽插适期前30～35天排种，一般在3月中下旬；采用大棚加地膜或冷床双膜育苗的于栽前40～45天排种，一般在3月上旬，排放种薯有斜排、平放、直排3种。

3. 苗床管理 薯块萌芽的最适宜温度范围为29～32℃。薯块在35～38℃的高温条件下，4天时间，能使破伤部分迅速形成愈伤组织，并增加抗病物质（红薯酮）的形成，提高抗黑斑病的能力。但同时，长期在35℃以上时，薯块的呼吸强度大，消耗养分多，容易发生“糠心”。温度达到40℃以上时，容易发生伤热烂薯。所以，苗床管理应掌握的基本原则是“前期高温催芽、中期平温长苗、后期低温炼苗，先催后炼，催炼结合”。

4. **整地**　耕作深度以26～33厘米为宜，随施肥、随耕作、随起垄，要求垄距均匀，垄直，垄面平，垄土松，土壤散碎，垄心无漏耕。做垄要因地制宜,黏土地、地势低洼易涝地及地下水位高、土壤肥水高的地块和生长中后期雨水偏多的地区，宜做大垄、高垄，垄距1米左右，垄高25～33厘米；在地势高或沙质土、土层厚或肥力差的地块，宜做小垄，垄距65～80厘米，垄高20～25厘米。

三、5月份农事安排

5月份是红薯的移栽期和缓苗期，栽培管理的重点是移栽。

1. **栽植**　根据气候条件、品种特性和市场需求选择适宜栽植期,一般在土壤10厘米地温为16℃以上时栽植，春红薯移栽适宜期在4月底至5月初，地膜覆盖可提前到4月中旬。

2. **栽后管理**　红薯栽后3～5天及时查苗，选壮苗在下午或傍晚时补栽。红薯扦插成活后先浅锄1次，以后每隔10～15天中耕1次，至封垄前共中耕2～3次，以消除杂草，保持土壤松软。

四、6～7月份农事安排

6～7月份是红薯分枝长苗、根系生长和结薯阶段,栽培管理的重点是控蔓促分枝。

1. **浇水**　此期需水量不多，田间保持土壤湿润即可。在茎叶封垄后，需水量最多，土壤持水量应保持在最大持水量的70%～80%，应酌情灌“跑马水”。

2. **看苗追肥**　在栽后50天前后结合大培土追施肥料，一般苗期亩施尿素1～2千克，促使小苗赶大苗。圆棵前后，每亩追施硫酸铵7.5～10千克，硫酸钾6～10千克或草木灰100千克壮株催薯，促使块根膨大。

3. **防治虫害**　红薯主要的害虫有地下害虫（蝼蛄、蛴螬、金针虫、地老虎）、红薯麦蛾（卷叶蛾）、红薯天蛾、斜纹夜蛾、小象鼻虫等。

五、8 月份农事安排

8 月份是红薯的茎叶盛长、块根膨大期，栽培管理的重点是控秧促薯。

1. 提蔓防陡长　对茎叶旺长，叶色浓绿，叶柄过长，毛根和柴根过多的陡长苗，采取提蔓。

2. 其他管理　同7月份。

六、9 月份农事安排

9 月份是红薯块根盛长、茎叶渐衰期,栽培管理的重点是促进薯块膨大。

1. 追施裂缝肥　追施裂缝肥可以防止茎叶早衰和加快薯块膨大。一般在9月上旬用3%～5%的硫酸钾或15%～20%的草木灰浸出液；也可用1%的磷酸二氢钾溶液，每亩灌肥液100～150千克；或每亩追施硫酸铵4～5千克，对水500千克；也可用人粪尿200～250千克，对水600～750千克，顺垄灌缝施入；还可每亩洒施草木灰水150～200千克。

2. 轻提蔓　同8月份。

3. 防旱排水　在红薯生长后期遇到干旱天气，有条件的地区要隔沟浇水，以水调肥，促进茎叶生长，扩大光合面积，增加光合产物，有利于块根膨大。但在收获前20天内不宜浇水，以免降低红薯块根的耐储性。若遇到秋涝，要及时清沟排水，防止薯块受渍，形成硬心烂腐导致减产。

4. 叶面喷肥　红薯生长后期，根部吸肥能力减弱，采用叶面喷肥可确保块根膨大所需养分。一般丘陵坡地或有早衰现象的田块，应喷施0.5%的尿素液；叶蔓长势偏旺的田块，应喷施0.2%的硫酸钾或5%的草木灰浸出液；一般田块可喷施0.4%～0.5%的尿素和0.2%磷酸二氢钾混合液。每亩每次喷肥液75～100千克。每隔7～10天喷1次，共喷2次，喷肥时间应掌握在晴天傍晚前进行，如喷后下雨应补喷。

七、10 月份农事安排

10月份，红薯进入茎叶渐衰期，栽培管理的重点是适时收获。

1. 收获　红薯块根在适宜的温度条件下，能持续膨大。所以，收获越晚产量越高。红薯的收获适期，应根据气候条件、安全储藏时间和下茬作物的安排等确定。一般地温在18℃左右，红薯重量增加很少；地温在15℃左右，红薯停止膨大；地温长时间在9℃以下，就会发生冷害。因此，一般在地温18℃时就开始收刨红薯，在霜降前收刨完毕。

2. 安全储藏　红薯入窖前要仔细挑选，剔除带病、虫咬、破损的薯块。红薯窖要认真消毒。

§ 3.7　夏谷子农事月历

一、5 月份农事安排

5月份，夏谷子栽培的工作重点是备播。

1. 耕地准备　合理换茬，土壤精细耕作。

2. 肥料准备　一般每亩需要施优质有机肥2 500～3 000千克、尿素15千克、磷酸二铵10千克或过磷酸钙30千克、硫酸钾10千克，作为底肥结合整地施入土壤。

3.品种选择　水肥条件好的地区可选耐密高产品种；根据当地气候特点和病虫害发生情况，尽量避开可能存在的品种缺陷。选择高产、优质、适应性广的张杂谷8号、张杂谷10号、张杂谷11号、豫谷18、晋谷21、晋谷40、冀谷21等优良品种。种子的纯度和净度均不低于98%，发芽率不低于85%，水分不高于13%。

4. 晒种与选种　播种前1周，选晴天将种子摊放在席上2～3厘米厚，翻晒2～3天。经过晒种的谷子能显著提高种子的发芽率和发芽势。忌在水泥地上晒种。播前进行种子精选，选择粒大饱满、无霉变、无病虫害的籽粒。

5. 种子处理 进行盐水选种并药剂拌种。

二、6月份农事安排

6月份是谷子的播种出苗期，栽培管理的重点是精细播种和促苗健壮。

1. 播种 确定播种量主要应根据种子发芽率、播前整地质量、地下害虫为害情况等；播种深度一般在3～4厘米，土壤墒情好的可适当浅播，墒情差的可适当深播；播种时间要抢时播种，争取6月15日前播种结束。

2. 苗期管理 进行轻镇压、查苗补苗、间苗、定苗、蹲苗、中耕、化学除草等。

三、7月份农事安排

7月份，谷子进入拔节抽穗期，栽培管理的重点是壮株促大穗。

1. 清垄 拔节后谷子生长发育加快，为了减少养分和水分不必要的消耗，在谷子长到30厘米左右高时，进行一次清垄，彻底拔除杂草、弱苗、病虫苗，使谷苗生长整齐，苗脚清爽，通风透光，有利谷苗生长。

2. 追肥 第1次于拔节始期每亩施入5～10千克尿素作为“坐胎肥”，第2次在孕穗期每亩追施5千克尿素作为“攻籽肥”。

3. 浇水 拔节期浇1次大水；抽穗前浇1次水。

4. 中耕除草 谷子拔节后，气温升高，雨水增多，杂草滋生，谷子也进入生长旺盛期，此时在清垄的基础上，结合追肥和浇水进行深中耕，深度7～8厘米。

四、8月份农事安排

8月份是谷子的抽穗开花期，栽培管理的重点是防止叶片早衰，延长叶片功能期，促进光合产物向穗部籽粒运转积累，减少秕籽，提高粒重。

1. 浇攻籽水　灌浆期如遇干旱要及时浇水；无灌溉条件的可在谷穗上喷水。

2. 根外追肥　谷子后期根系活力减弱，如果缺肥，进行根外喷施。可采用2%尿素加0.2%磷酸二氢钾加0.2%硼酸溶液，每亩40～50千克，在抽穗始期、灌浆前各喷施1次。高产田不喷尿素，只喷磷、硼肥液。

3. 防涝、防“腾伤”、防倒伏　雨后要及时排除积水，浅中耕松土，改善土壤通气条件，有利于根部呼吸；适当放宽行距或采用宽窄行种植，改善田间通风透光条件，高培土以利行间通风和排涝，防止发生“腾伤”；为防止倒伏，除选用高产抗倒抗病虫品种外，要及时定苗，蹲好苗，合理密植，施肥，科学用水，深中耕高培土等。

五、9 月份农事安排

9 月份是谷子的成熟期，栽培管理的重点是及时收获。

当谷穗变黄，籽粒变硬，谷子叶片发黄，即可适时收获。收获后不要立即脱粒，堆放 7 ～ 10 天后再脱粒，利用后熟提高产量。过早收获，影响籽粒饱满，导致减产。收获太晚，容易落粒，遇上阴雨连绵，还可能发生霉籽及穗上发芽等现象，影响产量和品质。

§3.8　夏播花生农事月历

一、5 月份农事安排

5 月份是花生的备播阶段，重点工作是整地和准备种子。

1. 肥料准备　夏播花生可在播种前整地时施入底肥，一般高产田块（400千克/亩以上）每亩的施肥量为纯氮7～9千克、纯磷6～8千克、纯钾

8～10千克，即尿素14～18千克、过磷酸钙50～60千克、硫酸钾14～18千克。

2. 精细整地 深耕深度以25～30厘米为宜，每3～4年进行1次，深耕的时间应越早越好；为提高深耕当年的增产效果，最好结合深耕增施有机肥料，重施氮、磷、钾化学肥料，特别是增施氮素化肥；耕后耙地。

3. 选用品种 麦套播花生应选用生育期120～130天的中早熟大果型品种；夏直播花生应选用生育期110～115天的早熟中果或小果型品种。

4. 种子准备和种子处理 进行晒种、选种、剥壳、拌种等。

二、6月份农事安排

6月份是花生的播种出苗期，栽培管理的重点是精细播种。

1. 足墒、适期播种 花生播种时底墒要足，墒情不足时，应造墒播种，以利出苗和幼苗生长，适宜墒情为土壤最大持水量的60%～70%，一般掌握在土壤“手握成团，松开即散”的时候播种。播种深度一般5厘米左右。夏直播花生产量与播种早晚高度正相关，播种越早产量越高。因此，上茬作物收获后应及时整地，播种越早越好，最晚不能迟于6月20日。麦套花生的适宜播期在麦收前半个月前后，一般掌握小麦与花生共生期不超过20天为宜。

2. 合理密植 夏直播花生起垄播种时，一般垄高为12厘米，垄距为75～80厘米，垄沟宽为30厘米，垄面宽45～50厘米，一垄双行，小行距25～30厘米，大行距50厘米，穴距14厘米；覆膜栽培时，垄距80厘米，垄面宽50厘米，一垄双行，小行距30厘米，大行距50厘米，穴距15～16.5厘米。要保持花生种植行与垄边有15厘米以上的距离，利于花生下针。播种最好采用花生起垄播种机播种，可一次性完成起垄、施肥、播种、覆土、喷药等作业，不但省工省时，而且能提高播种质量。夏直播花生种植密度为1.1万～1.2万穴/亩，每穴两粒种子。覆膜栽培、麦套花生适当降低种植密度，高肥水地稠些、旱薄地密些。

3. 封闭除草 土壤封闭除草时，每亩使用50%乙草胺乳油100～150毫升或72%都尔乳油100毫升，对水40千克混匀后均匀喷施于垄面。

4. 苗期管理 及时进行查苗补种、清棵蹲苗、追肥浇水、苗后除草、防治病虫害等。

三、7月份农事安排

7月份是花生的开花下针期，栽培管理的重点是保花增果。

1. 及时防治病虫害 此期花生常见病害主要有茎腐病、叶斑病、青枯病、根腐病、锈病等，害虫主要有蚜虫、红蜘蛛、斜纹夜蛾、棉铃虫、蛴螬、蝼蛄等，要及时防治。

2. 加强肥水管理 对底肥不足而出现缺肥状况的田块，应及时补给花针肥，一般亩施尿素10～15千克、磷酸二铵10千克、硫酸钾10千克。也可进行叶面喷施。

3. 搞好旱灌涝排 土壤水分不足时，要及时进行浇水。如遇降水过多应及时排除。

4. 徒长苗摘心 对徒长苗进行摘心，以始花期至盛花期前进行为好，一般以保持5～6个第1次分枝为标准，即在最高的一个分枝上一半处，选晴天用剪刀把主茎顶心除去。

四、8月份农事安排

8月份是花生的结荚期，栽培管理的重点是促多果、促饱果。

1. 培土迎针 培土应抓住封垄及大批果针入土前进行，一般2次。第1次应在盛花期前结合最后1次中耕进行，培土3～5厘米；第2次隔10天左右，在大批果针入土前进行，培土5～7厘米，以不埋压分枝为度。

2. 控旺促壮 在花生盛花期后，即始花后30～50天，对中低肥力田花生主茎高度达到30～35厘米或高肥力田达到35～40厘米、叶片浓绿有徒长趋势的花生，每亩用5%烯效唑可湿性粉剂40～50克，对水35～40千克进行叶面喷施，控制植株缓慢生长，分两次喷施。如果长势过旺，主茎超过40～45厘米，就要把新尖打掉（即打尖），并在晴天下午15 ～16时，在秧子的中间用脚踩，促进果针入地。

3. 排涝防旱　如遇阴雨和田间排水不畅，应及时进行挖沟排水，达到田间无明水，利于除涝防渍。若遇旱，应立即浇水，以使花生正常生长发育，确保高产稳产。

4. 根外追肥　花生结荚期营养生长和生殖生长达到最旺盛，应在到来之前的盛花期重施盛花肥，一般亩追施尿素6～8千克即可。进入饱果期后，可每亩叶面喷施磷酸二氢钾120～150克加尿素350～400克加75%百菌清可湿性粉剂70～80克，对水35～40千克，连喷2次，间隔10～15天，可延长花生顶叶功能期，增加物质积累，提高产量。

5. 防病治虫　结荚期病害主要有叶斑病等叶部病害和根茎腐病、白绢病等真菌性病害，害虫主要有蓟马、蚜虫、红蜘蛛、白粉虱等，要及时进行防治。

五、9 月份农事安排

9 月份是花生荚果成熟期，栽培管理的重点是促饱果，适时收获。

1. 浇水排涝　缺水时要及时浇水，田间有积水和耕层潜水过多要及时排除。

2. 叶面喷肥　荚果成熟期应及时多次补充养分，喷施以磷钙为主的叶面肥，全面补充所需的养分，提高吸收利用率。

3. 防治叶斑病　可选用80%代森锰锌可湿性粉剂800倍液或70%甲基硫菌灵可湿性粉剂1 000～1 500倍液或50%多菌灵可湿性粉剂800～1 000倍液进行叶面喷药。

4. 适时收获　花生成熟期，从植株长相看，上部叶片变黄，中下部叶片由绿转黄并逐步脱落，茎枝转为黄绿色；从荚果看，果壳硬化，网脉纹理加深而清晰，果壳内海绵体呈闪亮的黑褐色，种子充实饱满，种皮色泽鲜艳。

§ 3.9　苹果树栽培管理农事月历

一、12 月份至翌年 2 月份农事安排

12月份至翌年2月份苹果树栽培管理的重点是整形修剪和预防病虫害。

1. 整形修剪

（1）确定合理树形：树形总体分有主干形和无主干形。当前，常用的有主干形包括细长纺锤形、高纺锤形、改良纺锤形、小冠疏层形等；无主干形包括开心形、Y 形、一边倒等。适应密植栽培的矮化果园多采用细长纺锤形，乔化密植园则以改良纺锤形和自由纺锤形居多。

（2）细长纺锤树形的整形修剪：分幼树整形修剪、生长期树整形修剪和成龄树整形修剪。

（3）改良纺锤树形的整形修剪：改良纺锤树形的整形修剪与细长纺锤形大体相同，不同之处在于幼树整形期，一是及时配置好基部主枝（3 ~ 4 个为宜），二是基部主枝之上 50 厘米之内少留枝，且留用枝条长度不能超过 60 厘米。

2. 病虫防治　刮治老翘皮、腐烂病，检查防治蛀干害虫，冬季清园。

3. 防冻防寒　树干套塑料薄膜、束草，涂白树干，培土防寒等。

二、3 月份农事安排

3月份苹果树的管理重点是刻芽拉枝、巧施追肥、灌水覆膜、防治病虫等。

1. 刻芽促枝，拉枝开角

（1）刻芽：刻芽就是在苹果树枝干的芽上方 0.3 ~ 0.5 厘米处，用小刀或小钢锯切断皮层筛管或少许木质部导管。刻芽的理想时间为萌芽前 1

周左右。

（2）拉枝：应视生长势和伸长空间，决定拉枝角度，一般拉至80°~110°。

2. 高接换种 结合改形，采取劈接、皮下接（靠接）、舌接、带木质芽接等方法，进行高接换种或嫁接授粉品种，优化品种结构。

3. 病虫害防治 检查、刮治腐烂病疤，春季清园喷药，剪除白粉病芽等。

4. 追肥 春季追肥，在3月下旬至4月初进行，应采取肥水一体化施肥技术。

三、4月份农事安排

4月份苹果树的管理重点是花前复剪、花期授粉，提高坐果率和防治病虫害等。

1. 花前复剪（春剪） 时间从树液流动至花露红期，仅对中小枝组进行疏、截、留修剪，而对大的枝组不再调整。

2. 及时疏花（序） 在花序伸长至分离期，按20厘米远近选留1个健壮花序的标准，进行整序疏、整序留，以确保坐果，并预防花期低温降低坐果的现象。

3. 病虫害防治 花序分离至花露红期，全园喷洒氟硅唑加阿维菌素，防治白粉病、黑星病、锈病、霉心病、花腐病和叶螨、介壳虫、毛虫类等病虫害。同时，人工摘除白粉病的病叶、病花序和病新梢。连年发生霉心病的果园，落花后要及时喷洒1次多抗霉素加甲基硫菌灵。

4. 种草覆盖 第1场透雨前，于树行间开浅沟播种绿肥，旱地以红三叶草（抗寒性较强）为宜，水浇地以白三叶草、美国黑麦草为主，最好三叶草与禾本科绿肥混种。同时，树盘覆盖有机物或黑色地膜。

四、5月份农事安排

5月份苹果树的管理重点是疏果定果、夏季修剪、防治病虫、除草保墒。

1. 疏果定果 从落花后 10 天左右开始定果，到 5 月中旬结束，按照疏花序的疏除标准，进行疏果定果，每个花序选留1果，应留果个大、果形正的中心果或边果，且多留枝条两侧的果，不留正向上和正向下生长的果。

2. 夏季修剪 5月中、下旬，对未拉枝的幼树或拉枝不到位的初果期树，骨干大枝按照不同树形的要求和枝势，拉至80°～110°；初结果树，对新梢适时进行轻摘心处理；对背上生长势较强的新梢从基部扭梢处理；对过旺枝（包括主侧枝），可适当环剥（环割）；适当疏除剪口下、主枝背上过多的新梢，以及内膛影响光照的新梢。

3. 病虫害防治 注意防治早期落叶病、炭疽病、轮纹烂果病和卷叶蛾、螨类、蚜虫、苹果绵蚜等。

4. 除草保墒 实行生草制的果园，当草高超过 30厘米时要及时割除；实行清耕制的果园，则应及时清除杂草，并锄地保墒。

五、6 月份农事安排

6 月份苹果树的管理重点是果实套袋、夏季修剪、及时追肥、果园覆草、病虫害防治。

1. 果实套袋 一般在谢花后30～45天开始，半月内结束。

2. 肥水管理 及时叶面喷肥、地下追肥。

3. 果园覆草 没有实行生草制的果园，宜实行果园覆草，以增加土壤有机质、保墒、控草。

4. 夏季修剪 要综合运用扭梢、摘心、拿枝、环割、拉枝、疏枝等夏剪措施，及时调节树体生长，缓势促花。

5. 病虫害防治 主要防治苹果绵蚜、食心虫、褐斑病等。

6. 果园除草 及时控制草高，防止草荒发生。

六、7 月份农事安排

7 月份苹果树的管理重点是夏剪、追肥、病虫防治、起垄排涝、覆盖降温、早熟苹果采收销售。

1. 夏剪及人工促花 7月中旬至8月上旬秋梢开始生长时，在5月下旬调控的基础上对旺树进行第2次调控，进行转枝、拿枝软化、摘心去叶、强弱交接处环割，部分旺树还要进行轻度环割，同时疏除部分遮光的过旺大枝。在秋梢开始生长时，也可以采用上述方法控制秋梢生长。

2. 追施果实膨大肥 果实膨大期，应选用吸收利用率高、效果明显的硫酸钾为宜，其次是氯化钾，也可用草木灰或腐熟的鸡粪等含钾量较高的有机肥于树下撒施，而后浅埋浇水。也可用0.3%～0.5%磷酸二氢钾溶液或氨基酸钾300～500倍液进行叶面喷施。如遇干旱应设法适量灌水，以免影响花芽分化和果实正常膨大。

3. 病虫害防治 注意防治炭疽叶枯病及红蜘蛛、食心虫、绵蚜等。

4. 起垄排涝、覆盖降温、刈割压青 没有进行树盘覆草的果园，麦收后应抓紧对树盘进行全面覆草。由于此期杂草生长极其茂盛，可刈割园内园外、沟边、路边的杂草，覆盖树盘下。计划实施人工生草的果园，可利用雨季播种。同时，还要注意控制草荒。平地果园，可进行“起垄栽培”管理，做好防洪排涝、水土保持等工作。

5. 早熟品种采收销售 7月中、下旬，美八、藤牧一号、富红早嘎等相继上市，由于一些早熟品种果实成熟不一致，采前有不同程度的落果现象，可适当提前分期分批采收、销售。

七、8月份农事安排

8月份苹果树的管理要点是秋季修剪（强拉枝）、行间生草或割草覆盖、防治病虫、摘叶转果、早熟果采收。

1. 生长期修剪 对旺盛新梢拿枝软化；清除内膛无用徒长枝；对原摘心枝上发育出的二次枝继续摘心；对扭梢枝条发出的二次枝，予以疏除或重摘心，或去强留弱，回缩延长枝；撑、吊因坐果过多而下垂的枝，使其复原；7月中、下旬，对红富士品种的辅养枝，在春秋梢交界处戴活帽剪，若辅养枝过长使树冠已交接或近交接时，在新梢与2年生部位的年交界处戴活帽剪。

2. 病虫害防治　注意防治褐斑病、黑点病及二代桃小食心虫、叶螨等。

3. 起垄排涝、刈割压青　同7月份。

4. 果实管理　对于挂果量较大的果园，一般在7月下旬至8月下旬追施1次果实膨大肥，于采收前15～20天，可喷施96%磷酸二氢钾300～400倍液，有利于果实着色，提高含糖量，改善果实品质；采收前5～7天，摘除果实周围的“贴果叶”和距果15厘米左右的“遮光叶”，增加果实的着色面积，提高果实商品率；当果实阳面色度达到标准要求时，再轻托果实扭转90°～180°，促使全面着色。

八、9月份农事安排

9月份苹果树的管理要点是秋季修剪、行间生草或割草覆盖、防治病虫、果实解袋、苹果贴字、摘叶转果、铺反光膜、分批采收、秋施底肥等。

1. 生长期修剪　同8月份。

2. 排水防涝　9月份是苹果的集中上色期，针对秋季雨水较多、土壤湿度过大、通气性差的特点，要做好排水防涝，中耕松土，以保持土壤疏松，通气良好，防止土壤水分过多而影响果实的色泽发育。

3. 果实成熟期管理　做好除袋、树盘铺设银色反光膜、摘叶、转果、喷药喷肥防病、贴字等工作，适时分批采收。

4. 秋施底肥　9月下旬，全园普施以有机肥为主的底肥，同时每亩施入以磷为主的复合肥50～60千克，土杂肥不足时应足量施入复合肥。施肥方法为沟施或穴施，施肥部位，在树冠外缘内侧，施肥深度20～40厘米（根系集中分布层）。

5. 病虫害防治　9月中旬后，树干缚草把，诱集陆续下树越冬的幼虫，冬季集中烧毁处理。

九、10月份农事安排

10月份是苹果晚熟品种成熟期，此期注意苹果适时采收。

1. 化学促控 晚熟品种采前20天左右，喷施96%磷酸二氢钾250倍液，相隔8～10天再喷1次，可促使果实成熟。

2. 除袋、贴字、摘叶、转果、铺膜 管理措施同9月份。

3. 施肥 采果后随即于午后全树喷洒硫酸钾型复合肥300～400倍液，或原沼液，相隔8～10天再喷1次，延缓叶片衰老，增强光合作用，增加养分的储藏。继续完成秋施底肥和行间种草（同9月份）。

4. 病虫害防治 及早对主干、主枝、枝杈等处刮除粗、老、翘皮，集中烧毁（发现腐烂病疤彻底刮治），并涂抹药剂；10月上旬前在幼树主干、主枝上涂白。

十、11月份农事安排

11月份苹果树的管理要点是秋耕保墒、清洁果园、树干防护、冬灌保墒、果实分级、入库储藏。

1. 病虫害防治

（1）害虫防治：在果实采收后，要剪除病虫枝，刮除树干粗皮，捆绑草把诱集越冬害虫，收集后集中烧毁，以减少翌年害虫基数；结合秋季施肥，深翻树盘，可防治越冬害虫。

（2）病害防治：苹果枝干病害主要包括轮纹病、腐烂病、干腐病等，要及时防治。

2. 果园土肥水管理 要进行秋施底肥，叶面追肥，果园深翻，浇封冻水等。

3. 树干防护 树干套塑料薄膜筒、束草、涂白，并进行培土防寒。

4. 采后分级、储藏

（1）分级：苹果采后分级销售，可以提高果农经济收入，同时便于储藏、流通和企业大量的收购储运。因此，苹果采收后要按照标准要求，结合消费市场搞好苹果的采后分级。

（2）苹果储藏：分为简易储藏、机械冷藏及气调储藏，有条件的尽可能采取机械冷藏或气调储藏，延长苹果的储藏期限，提高经济效益。

§ 3.10　梨树栽培管理农事月历

一、12 月份至翌年 2 月份农事安排

12 月份至翌年 2 月份梨树栽培管理的工作重点是冬季修剪、冬施底肥、刮树皮、清园、涂白。

1. 整形修剪　整形可根据品种的不同，立地条件的不同，采取多种树形。

（1）树形：一般有疏散分层形、纺锤形、多主枝圆头形等。

（2）疏散分层形树冠整形：包括定植当年整形、第 2 年冬剪、第 3 年冬剪等。

（3）纺锤形树冠整形：定干高度以及对中心主干的短截方法与疏散分层形基本相同，只是不对各级主枝进行短截。

（4）修剪：冬剪时，应根据不同树形，合理修剪。适用于高密栽培的细长纺锤形和高细长纺锤形树冠，多采用缓放、拉枝、疏枝、回缩等；小骨架树形，则是短截、缓放、拉枝、疏枝、回缩等手法综合运用。包括中心干修剪、主枝和副主枝的修剪、辅养枝修剪等。

2. 施底肥　对未完成秋施底肥的树，应在此期施完底肥。

3. 清园和刮树皮　清除枯枝落叶、病虫果、病梢、病芽，刮粗翅树皮，集中烧掉，树干涂白等，以消灭越冬病虫。

二、3月份农事安排

3月份梨树栽培管理的重点工作是土肥水管理、病虫害防治、高接换优、查漏补缺。

1. 肥水管理 及时追肥、灌水，灌水后及时松土，临近开花期浇1次透水，减轻冻害。

2. 病虫害防治 注意防治越冬病菌和害虫。

3. 高接换优 对品质低劣的梨树，可在此期采用枝接法，高接优良品种或优良授粉品种。果树春季枝接常用的嫁接技术有切接、劈接、插皮接、舌接等。嫁接后，要及时检查成活情况，解除绑缚物。一般枝接需在20～30天才能看出成活与否。成活后应选方向位置较好、生长健壮的上部新梢延长生长，其余扭梢、摘心，抑制生长。

4. 查漏补缺 缺株或缺乏授粉树的果园，此时补栽树苗。

三、4月份农事安排

4月份梨树栽培管理的重点工作是土肥水管理、树体管理、病虫害防治等。

1. 肥水管理 花后追肥，以速效性氮肥为主，采用穴施法。

2. 树体管理 主要包括拉枝、花期授粉、疏花疏果等。

3. 病虫害防治 梨树上发生的病虫害主要有黑星病、蚜虫、梨茎蜂、介壳虫和梨小食心虫等，要及时喷药防治。

四、5月份农事安排

5月份梨树栽培管理的重点工作是肥水管理、树体管理等。

1. 肥水管理 主要做好根外追肥、灌水等工作，并及时松土保墒。

2. 树体管理 包括疏果、果实套袋、夏季修剪（抹芽、疏枝、摘心、环剥、扭梢、拿枝等）。

五、6 月份农事安排

6 月份梨树栽培管理的重点工作是肥水管理、病虫害防治等。

1. 肥水管理　及时施肥、浇水和除草。

2. 病虫害防治　梨树上发生的病虫害重点是黑星病、蚜虫、螨类、食心虫类、食叶虫类等，要及时防治。

六、7 ~ 8 月份农事安排

7 ~ 8 月份梨树栽培管理的重点工作是肥水管理、树体管理、病虫害防治等。

1. 肥水管理　根外追肥，喷0.3%尿素液或0.3%磷酸二氢钾液2 ~ 3次；雨季注意排水；注意除草，控制草荒。

2. 树体管理　对结果多的大枝，用绳吊起或用支柱支撑，防止果枝被压折；对于嫁接后的新生枝条，在适当位置选留一壮枝作延长头，其余枝条均应拉枝开角，过长枝则摘心。

3. 继续做好病虫害防治　7 ~ 8月份梨树上发生的病虫害主要是轮纹病、黑星病、蚜虫、螨类、食心虫类、食叶虫类等，要及时防治。

七、9 ~ 10 月份农事安排

9 ~ 10 月份梨树栽培管理的重点工作是适时采收、控秋梢、秋施底肥和梨园建立等。

1. 适时采收　开始采收的标准，黄皮梨应掌握果皮由暗褐色变为浅黄褐色，青皮梨果皮由暗绿转为浅绿或黄绿色，肉质由粗、硬变为细、脆，风味由酸转为甜，种子由白色转为浅褐或褐色。采收要做到分期分批，先采大果，待7 ~ 10天后小果会逐渐增大，再行采收。

2. 控秋梢　梨树抽生秋梢较晚，未老熟即进入休眠期，应予疏除或促其及早停长。

3. 秋施底肥 9月下旬始，全园施入以有机肥为主的底肥。一般用腐熟的农家肥，每亩施4 000～6 000千克，并配合施用速效肥料，每亩施60～80千克高磷复合肥。

4. 梨园建立 梨树从苗木落叶后至发芽前都可栽种。根据不同地形、地块确定种植密度，为了早期高产，最好采取计划密植，目前推广的株行距为（2.0～2.5）米×4米。

八、11月份农事安排

11月份梨树栽培管理的重点工作是冬季清园、刮树皮、涂白、灌封冻水等。

1. 冬季清园 11月进入冬季清园期，把落叶、病虫果、枯枝清理干净，集中深埋或烧掉。

2. 刮树皮、涂白 刮除老翘皮、腐烂病斑；树干涂白，以减轻冷冻伤害及日烧，并防治病虫害；涂白剂配制，生石灰10份，食盐1份，杀菌剂0.1份，水30份，黏着剂适量。

3. 灌封冻水 有灌溉条件的果园，应在11月中旬，气温在-3～10℃时，在树盘内灌封冻水，满足冬春期间树体对水分的需要。没有灌溉条件的果园，也要进行园地耕翻，蓄水保墒。

§3.11 桃树栽培管理农事月历

一、1～2月份农事安排

1～2月份桃树处于休眠期，其栽培管理的工作重点是整形修剪等。目前生产中常用树形有以下几种，其整形修剪各有特点。

1. 主干形及其修剪 主干形干高50～70厘米，树高2.5～3米，中干强健，其上直接着生40～80个横向结果枝，呈水平姿势，果枝间距在10厘米左右，同方向枝条间距在20厘米左右。适合于（1.0～1.5）米×（3～3.5）米的株行距、亩栽130～220株的高密度果园。

2. 改良主干形及其修剪　以定干高度70～80厘米为标准，下面留3～4个主枝和1个中心干，全部采用单轴延伸，不留侧枝，结果枝组直接留在主枝上，采用长放修剪法。树高2.5米左右，主枝与中干夹角80°～90°，主枝长度1～1.5米。改良主干形的特点，光照充足，产优质桃90%。

3. 延迟二层开心形及其修剪　该树形干高50～60厘米，树高2.5米，一层主枝3个，二层主枝2～3个，一、二层间距不得少于1.5米。

4. "V"字形及其修剪　该树形是密植桃园（株行距为1.5米×4米，每亩110株）和大棚桃栽培的主要树形，是桃树标准化栽培的首选树形。此树形的干高为50厘米，全身只有2个主枝。主枝间的夹角为60°。每个主枝上配置6～8个大、中型结果枝组。株高2.6～2.8米，允许交接率不超过5%。这种树形的树冠透光均匀，果实分布合理，利于优质丰产。

二、3月份农事安排

3月份桃树栽培管理的重点工作是肥水管理、病虫害防治、花前复剪、地下管理等。

1. 肥水管理　在桃树萌芽前（时间一般在地表温度达到12℃以上时）要土壤施肥1次，以速效氮肥为主，施肥量占全年施肥量的20%～30%。此外，对于秋季没有施肥的果园，需在此期施入高磷复合肥或多功能菌肥，补充桃树所需的各种养分及有益微生物，追肥后要及时浇水。

2. 病虫害防治　惊蛰后5～7天，要喷施清园药，杀虫、杀卵、杀菌。

3. 花前复剪　将病虫枝、交叉枝、重叠枝剪掉，清除园内枯枝、落叶及杂草；继续刮除枝干上有腐烂病的树皮，时间最好在3月20日左右树液流动以后，掌握露绿不露白的原则，刮皮后用43%戊唑醇200倍液涂抹伤口。

4. 地下管理　主张果园自然生草，或种植绿肥、大豆、花生等浅根矮秆作物。

三、4月份农事安排

4月份桃树栽培管理的重点工作是防霜冻、疏花疏果、病虫害防治等。

1. 防霜冻 3月底4月初要注意防霜冻，具体措施为早春灌水、熏烟增温、树体保护、喷施药剂等。

2. 疏花疏果 花蕾露红时疏花，花后1周进行疏果。

3. 病虫害防治 检查红颈天牛蛀孔，用50倍敌敌畏药棉球堵塞虫孔；落花后5～7天树上喷20%杀铃脲乳油3 000倍液加10%吡虫啉3 000倍液，防治蚜虫、叶蛾等害虫。

4. 喷施微肥 谢花后，每隔15天喷含钙的氨基酸微肥加磷酸二氢钾300倍液、尿素300倍液，连喷3～4次。

5. 控旺 幼旺树花后喷施15%多效唑可湿性粉剂200～300倍液；及时抹除剪口丛生枝、病虫枝、徒长枝及砧木上的萌蘖。

四、5月份农事安排

5月份桃树栽培管理的重点工作是肥水管理、果实套袋、病虫害防治、夏季修剪以及植物生长调节剂控旺等。

1. 肥水管理 进入5月中、下旬，肥料应以氮肥为主，配合磷钾肥，大树株施高氮复合肥1～2千克/株。硬核期是桃树需水的临界期，定果后要灌足水。

2. 果实套袋 套袋主要有塑膜袋和纸袋。

3. 病虫害防治 剪除梨小食心虫为害的新梢和卷叶蛾为害的虫苞叶；5月中旬，在桑白蚧孵化盛期喷洒吡虫啉、烯啶虫胺、毒死蜱防治；流胶病严重时，可喷百菌清液，还能兼治炭疽病和褐腐病；5月下旬，喷洒吡蚜酮、杀铃脲、氯氟氰菊酯、哒螨酮等，有针对性地防治蚜虫、茶翅蝽、梨小食心虫、桃蛀螟、卷叶蛾、红蜘蛛等害虫。

4. 夏季修剪　夏季修剪主要手法有扭梢、摘心、拉枝、环剥与刻伤、疏枝等。

五、6 月份农事安排

6 月份桃树栽培管理的重点工作是果实套袋、肥水管理、夏季修剪和病虫害防治等。

1. 果实套袋　5月份没有进行果实套袋的果园，6月份要进行此项工作。果实套袋方法同5月份。

2. 肥水管理　对于5月中、下旬没有施肥的果园，6月初可施入复合肥40千克/亩。对于成熟期较早的品种，这次施肥还等于施膨果肥，应同时结合打药喷施磷酸二氢钾或硫酸钾。此期浇水应浅浇，果农称为“过堂水”，尤其对初果期的树更应慎重。

3. 夏季修剪　对未停止生长的旺枝可连续摘心或短截，培养比较完整的结果枝组。及时剪除病虫枝，回缩清理内膛交叉枝组，以改善内部光照。

4. 病虫害防治　6月中旬红颈天牛成虫羽化，人工捕杀成虫；树上喷施杀铃脲或氯氟氰菊酯等，防治梨小食心虫、桃蛀螟、卷叶蛾等害虫；每10～15天喷杀菌剂1次，防治褐腐病、疮痂病、炭疽病等，可选用代森锰锌、甲基硫菌灵、百菌清等。

5. 果实采收　早、中熟品种，根据成熟度分批次采收，傍晚和上午采收，应严格控制机械损伤。

六、7月份农事安排

7月份桃树栽培管理的重点工作是肥水管理、夏季修剪和病虫害防治等。

1. 肥水管理　7月下旬施入低氮中磷高钾复合肥30～40千克/亩，同时结合施药叶面喷施磷酸二氢钾连续2～3次，保证果实膨大的同时防止裂果，增加果面光洁度。

2. 病虫害防治 主要防治食心虫、桃蛀螟、褐腐病和炭疽病等。

3. 夏季修剪 疏除过密、过旺枝，对徒长性结果枝和其他旺枝仍需进行剪截，控制旺长；对内膛已结果中、小枝组进行回缩，压上促下；改善树冠内部光照条件，促进花芽分化和中熟品种果实着色、成熟；对6月份已施多效唑的果园，且新梢超过30厘米者进行第2次喷施。

4. 果实摘袋 一般于成熟前1～2周进行，摘袋前可适当浇水。

5. 覆草降温、刈割压青 杂草高于30厘米时，要及时刈割，并进行园内稻草、杂草、秸秆覆盖，加强防旱抗旱。

七、8月份农事安排

8月份桃树栽培管理的重点工作是病虫害防治、夏季修剪、采后追肥、摘袋和果实采收等。

1. 病虫害防治 喷洒20%马拉·氰戊乳油2 000～3 000倍液加20%灭幼脲3号2 000～3 000倍液，防治桃蛀螟、梨小食心虫、潜叶蛾和叶蝉；病害防治同7月份。

2. 夏季修剪和摘袋 同7月份。

3. 果实采收 在傍晚和上午，根据成熟度分批次采收中、晚熟品种。

八、9～10月份农事安排

9～10月份桃树栽培管理的重点工作是秋施底肥和病虫害防治等。

1. 秋施底肥 秋施底肥的时间一般在9月下旬到10月上旬较好，采用条状沟或放射沟施。

2. 病虫害防治 喷洒辛脲乳油1 500倍液加10%吡虫啉3 000倍液防治桃潜叶蛾、叶蝉为害；9月中下旬在树干上绑草把诱集害虫，冬季进行烧毁。

九、11～12月份农事安排

11～12月份桃树栽培管理的重点工作是树干涂白、清园和灌封冻水等。

1. 树干涂白　生石灰10千克加硫黄粉0.5千克加食盐0.25千克加水25千克，调制成浆状涂白剂，均匀涂于主干上，防日烧，防冻害。

2. 清园　清除园内枯枝、落叶、杂草、烂果、废袋，刮除老翘皮及枝干病害，并涂上保护剂。立冬后在树上和地面喷洒1次5波美度石硫合剂。

3. 灌封冻水　为了保证桃树安全越冬，要在深翻改土和秋施底肥基础上，全园灌足封冻水。

§3.12　葡萄树栽培管理农事月历

一、1～2月份农事安排

1～2月份葡萄树栽培管理的工作重点是做好防寒管理工作等。

防寒时间，原则上在土壤封冻之前1周开始，过早过晚都不适宜。采用局部埋土防寒法，或利用抗寒砧木，采用抗寒砧木嫁接的葡萄，由于根系发达，抗寒力强于自根苗的2～4倍。

二、3月份农事安排

3月份是北方地区葡萄栽植的关键时期，也是芽萌动期，中心任务是科学建园，促进萌芽整齐等。

1. 建园　葡萄园应选择在生态环境良好，远离工厂、居民点、公路等污染源，有机质含量较高、土地平坦、有水源、排灌方便的区域，尽可能避免环境污染，以达到优质、丰产、高效的目的。对园内土壤进行深翻，翻土深度50～80厘米，同时施入切碎的秸秆或农家肥。

2. 定植　首先要开沟施肥；不同级别的苗木要分开，分别集中定植。

3. 幼苗期管理　要做好摘心、肥水管理、病虫害防治等工作。

4. 促萌芽整齐　及时施萌芽肥、浇萌芽水、清除杂草、防治病虫害、复剪等；为促进发芽整齐，便于保花保果，可在发芽前10天对新梢喷破眠剂单氰胺、石灰氮等，打破休眠期。

三、4月份农事安排

4月份是葡萄树萌芽及新梢生长期，中心任务是抹芽、定枝、新梢引缚等。

1. 抹芽　新梢长至10厘米时，去弱留壮，抹去密、挤、瘦、弱和生长部位不宜及萌发晚的芽。

2. 定枝　当能分清花序时，留壮去弱，留外去内，留下去上。每米架面根据叶子大小确定留枝量，一般每米5～7枝。

3. 绑蔓　当开花前、新梢长到40厘米以上时进行新梢引缚，可以用塑料绳或卡子引缚新梢，同时注意掐副穗去卷须，抹去基部萌芽。

4. 追肥　每亩施20千克尿素、30千克复合肥加20千克硫酸亚铁，并灌水，注意中耕除草。坐果不良的巨峰类品种根据情况施肥，树势旺的可不追肥。

5. 病虫害防治　主要防治黑痘病、灰霉病、炭疽病、穗轴病、绿盲蝽等，加硼锌钙等叶面肥及氮肥。

6. 疏花穗　在葡萄开花前，根据花穗的数量和质量，疏去一部分多余的、发育不好的花穗。

7. 掐穗尖　掐穗尖要视花序的大小而定，如花序发育较小或不完全，可以不掐穗尖，如花序较大则应掐去穗尖。掐穗尖的时间在开花期或花前1～2天，掐除全穗的1/6～1/5。

8. 控制新梢旺长　巨峰类品种自然坐果要求中等树势，如果生长势强时，可喷洒B9来提高坐果率。

四、5月份农事安排

5月份是葡萄树新梢生长及开花期，工作重点是保花、保果等。

1. 花期喷硼　盛花期喷0.2%～0.3%的硼肥，加糖醇钙600倍液，提高坐果率；花后打药，可用70%代森锰锌800倍液，加2.5%联苯菊酯600倍液、尿素0.3%、磷酸二氢钾0.3%、硼锌钙叶面肥0.2%或其他氨基酸类叶面肥。

2. 生长调节剂保果　开花期若遇极端高温或低温，巨峰类品种可在花后3～5天内立即用2×10^{-6}的0.1%噻苯隆浸果穗，以提高坐果率；也可用20×10^{-6}的赤霉酸加3×10^{-6}的吡效隆蘸果穗1次，促进果实膨大，提高坐果率，降低损失。

3. 除副梢　大叶品种摘心后不留副梢，只留顶端继续生长；小叶品种或节间长的品种留副梢，单叶绝后摘心，就是副梢只留1个叶片，不保留生长点；营养枝上的副梢留2片叶不绝后摘心；主蔓延长蔓上的副稍留3片叶不绝后摘心。

4. 防治病虫害　喷腐霉利1 000倍液，防治灰霉病等；虫害严重时，可于花前喷菊酯类农药；雨水多时，可用烯酰吗啉1 000～1 500倍液，或霜脲氰1 000倍液喷洒，预防霜霉病的发生。

5. 肥水管理　幼果膨大期追肥分2次进行，以氮肥为主，结合磷、钾肥，叶面喷肥以磷酸二氢钾为主。第1次亩施尿素10千克、复合肥30～50千克，间隔15天进行第2次施肥，亩施复合肥30～50千克。追肥后及时浇水，中耕除草。如果植株负载量不足，新梢旺长，则应控制速效性氮肥的施用。

五、6月份农事安排

6月份是葡萄树幼果期及果实套袋期，管理的重点是加强管理，促进果实生长等。

1. 防治病虫害　开花后，喷喹啉铜1 000倍液或78%波尔·锰锌600倍液，加甲基硫菌灵1 000倍液，防治黑痘病、白腐病、炭疽病、霜霉病等。

2. 疏果　葡萄疏果的时间应在果实坐稳后进行，即果实黄豆大小时疏果，将小粒、伤粒、病粒、畸形粒、密挤粒疏除，一般每穗留70～90粒，大粒品种每穗留50～70粒。

3. 果穗整形 如花序较好，通过除副穗、掐穗尖后所留下的穗轴上果实偏多，则应除去基部过多的小穗轴以减少疏果的劳动强度，一是在花前掐穗尖的同时进行，二是在坐果后疏果的同时进行。

4. 套袋 葡萄套袋的最佳时机是在葡萄生理落果后、果实长到黄豆粒大小时，整穗及疏粒结束后立即开始。每天套袋时间以晴天上午9～11时和下午14～18时为宜。

5. 中耕除草 要及时清除杂草，以免与葡萄争夺肥水。

6. 防治病虫害 套袋后，喷洒58%甲霜灵、50%多菌灵等，防治炭疽病、白腐病等。

六、7月份农事安排

7月中、下旬到8月上旬是葡萄着色期，工作的重点是促进果实上色、增糖等。

1. 肥水管理 转色期要施高钾肥，每亩施复合肥30千克、纯硫酸钾50～75千克；在葡萄上浆期，以磷、钾肥为主，并施少量速效氮肥，主要施磷钾肥，根施、叶施均可，施肥后浇小水，不能大水漫灌，以防裂果和降低糖度。

2. 防治病害 这一时期主要病害有霜霉病、炭疽病、黑痘病等，要及时防治。

3. 促进着色 对于不易上色的品种，可在上色初期每亩喷7毫升的乙烯利和3 000倍液萘乙酸。对于极不易上色的品种，可用倍美特每组加水11.5千克蘸果穗，1周后见效。

4. 去袋 葡萄套袋后可以带袋采收，也可以在采收前约10天去袋。

5. 摘叶 葡萄去袋后可剪除已老化的叶片和架面上的过密枝蔓。

七、8月份农事安排

8月中旬是葡萄采收期，中心任务是控制肥水和用药、适时采收等。

在采收期，一般不用药，同时要控制肥水，提高果实含糖量。果实成熟后，要按商品要求分期、分批采收及销售。

八、9 ~ 10 月份农事安排

9 ~ 10 月份是葡萄树保叶控梢时期，栽培管理工作的重点是施肥和病虫害防治等。

1. 秋施底肥　底肥一般在9月下旬施用，每亩施有机菌肥8 ~ 10袋、复合肥50千克。

2. 施采后肥　采后肥以磷、钾肥为主，配合施适量氮肥，目的是促进花芽发育、枝条成熟，可结合秋施底肥一起施用。

3. 防治病虫　采收后应立即使用保护性杀菌剂如1：0.7：200倍液波尔多液铜制剂，重点是防治霜霉病、褐斑病。

九、11 ~ 12 月份农事安排

11 ~ 12 月份葡萄树栽培管理工作的重点是冬季修剪、清园等。

1. 冬季修剪　前期以保叶为主，落叶后1个月开始冬季修剪，选留优良的结果母枝新梢作下年的结果母枝。

2. 清园　冬剪后，清除葡萄园残枝、杂草、落叶、干枯果穗、病果等，深埋或集中烧毁，降低病菌越冬基数，减少发病机会。

§3.13　大白菜露地栽培农事月历

一、3 月份农事安排

3 月份是露地春播大白菜播种期、苗期，中心任务是适时播种、加强苗期管理等。

1. 品种选择 春播白菜主要品种有菊锦、春宝黄、金锦、新乡小包23、CR–元春、春大王、强势等，也可选择健春、阳春、春夏王、鲁春白1号等。

2. 播种 3月中旬播种，采用直播方式。播前1天，畦上浇足水，每畦种4行，株距30厘米，每穴4～5粒种子，覆土1.0厘米，播后畦上覆膜。

3. 苗期管理 当苗龄达3叶1心时，或出苗后日最高气温超过20℃时破膜，破膜后拔除膜下杂草；破膜7天后定苗补缺，每穴留1株壮苗，其余拔除，在空缺的穴上补1株带泥健壮苗并浇上活棵水。

二、4 月份农事安排

4 月份，春白菜进入莲座期和结球期，中心任务是促生长、缩短莲座期等。

1. 施肥 补苗后，对长势弱的幼苗偏施1次氮肥，每穴施100倍尿素液250毫升；莲座期每亩穴施复合肥(氮：磷：钾=15：15：15）7～8千克加尿素7～8千克；结球初期，亩穴施尿素15千克。

2. 浇水 土壤过旱时沟灌浇水，保持土壤湿润。

3. 病虫害防治 主要病虫害有黄条跳甲、菜青虫、小菜蛾、蚜虫、软腐病，要及时防治。

三、5 月份农事安排

5 月份，春白菜进入成熟期，此时温度较高，有的年份降水也较多，大白菜容易烧心或腐烂，应适时早采，供应市场。

四、6 月份农事安排

6 月份是夏播白菜的播种时期，中心任务是适时播种、加强苗期管理等。

1. 品种选择 夏播白菜主要品种有豫新55、豫早1号、夏优1号、夏娃、夏绿55、夏阳、夏优王、巨龙抗热先锋、豫早2号、豫白菜5号、鲁白6号、小杂56等。

2. 整地施肥　亩施腐熟的优质圈肥4 000千克，或施精制有机肥500千克、高浓度硫酸钾复合肥150千克、过磷酸钙150千克。施肥后旋耕2 ~ 3遍，旋耕深度25 ~ 30厘米，耙2 ~ 3遍达到上松下实。然后起垄，按行距50厘米，做成宽30厘米左右、高10厘米、垄面平整的垄。

3. 适时播种　麦收后及时播种，播前1天，畦上浇足水。在垄面开穴播种，株距35 ~ 40厘米，每穴4 ~ 5粒种子，覆土1.0厘米。播种后可用黑色遮阳网进行覆盖，可明显提高出苗率。

4. 及时浇水　夏白菜播种后浇第1次水，种子发芽后开始拱土时浇第2次水，在白菜出齐苗后浇第3次水。要顺垄沟浇水，但不能漫过垄面，以免造成垄面板结，影响出苗。

5. 间苗补苗　心叶长出时进行第1次间苗，保留大苗、壮苗，去除弱苗、小苗和杂苗。用间下的壮苗进行补栽，最好带“娘家”土移栽，栽后灌水。

五、7 月份农事安排

7 月份，夏白菜依次进入团棵期、莲座期、结球期，中心任务是加强苗期管理等。

1. 间苗、定苗　在真叶长出2 ~ 3片时进行第2次间苗，真叶长出5 ~ 6片时进行定苗。

2. 及时除草　夏白菜除草禁用除草剂，一般采取人工除草，可采用人工拔除、浅中耕锄除等方法进行。

3. 加强肥水管理　莲座期每亩穴施复合肥(氮：磷：钾= 15：15：15）7 ~ 8千克加尿素7 ~ 8千克，干旱情况下7天浇1次水；结球初期亩施尿素15千克，干旱情况下7天浇1次水。

4. 防治病虫害　重点防治蚜虫、菜青虫、黄条跳甲及霜霉病、黑斑病、软腐病、病毒病等。

六、8月份农事安排

8月份，夏播白菜进入成熟期，由于此时温度高，夏白菜易老化腐烂，包心至七成以上时，就要分批及时收获，投放市场。

8月份也是露地秋播大白菜播种期、苗期，中心任务是适时播种、加强苗期管理等。

1. 品种选择 秋播大白菜主要品种有豫早一号、豫新55、新早58、小杂56、小杂60、新小60等；中晚秋季露地大白菜品种有豫新1号、豫新6号、秦白二号、东京五号、小包23、北京新3号、改良青杂3号等。

2. 施肥整地 亩施腐熟的优质圈肥5 000千克，或施精致有机肥500千克、高浓度硫酸钾复合肥150千克、过磷酸钙150千克。施肥后旋耕2～3遍，旋耕深度25～30厘米，耙2～3遍达到上松下实。然后起垄，按行距50厘米，做成宽30厘米左右、高10厘米、垄面平整的垄。

3. 土壤杀虫 亩用50%辛硫磷100毫升，对水250升，于播种整地前进行土壤淋施，杀死在土壤中的虫卵及地下害虫。

4. 适期播种 秋大白菜播种期一般在“立秋”前后1～2天，采用直播的方式。播种前1天，垄上浇足水，株距30～35厘米，每穴4～5粒种子，覆土1.0厘米，播后垄上覆膜。

5. 出苗期管理 出苗期一般需浇3次水，并及时追施微生物肥。

6. 间苗、定苗 8月中、下旬，秋白菜生长到拉十字期进行第1次间苗，生长到3～4片叶时进行第2次间苗，幼苗达到团棵期，7～8片叶时进行定苗。株距一般35～40厘米。每次间苗后应及时浇水，防止根系松动而萎蔫。

7. 夏白菜收获 当夏白菜包心七成以上时，要分批及时进行收获。

七、9 月份农事安排

9 月份，秋播大白菜进入团棵期、莲座期和结球前期，主要任务是加强肥水管理等。

1. 定苗　对进入团棵期较晚的要继续做好定苗。

2. 中耕培土　中耕应掌握的原则是“头锄浅、二锄深、三锄不伤根”。结合中耕除草进行培土，将锄松的沟土培于垄侧和垄面。

3. 幼苗期水肥管理　距白菜根部5厘米沟施硫酸铵每亩7.5千克，施肥后立即浇水。

4. 莲座期管理　莲座中期浇1次大水，然后深中耕，再控水蹲苗10 ~ 15天；蹲苗后穴施尿素每亩10千克。

八、10 月份农事安排

10 月份，秋播大白菜进入结球期，主要任务是肥水齐攻、防病灭虫保产等。

1. 浇水　每隔5 ~ 6天浇1次水，采收前8 ~ 10天停止浇水，以免球体水分过大引起腐烂。

2. 防治病虫害　防治病毒病、霜霉病、软腐病、跳甲、蚜虫、菜青虫。

九、11 ~ 12 月份农事安排

11 ~ 12 月份，秋播大白菜进入成熟期，重点工作是采收和冬储。

1. 适时采收　中熟秋白菜在小雪前收获，晚熟秋白菜在小雪过后即可收获，收获后的大白菜要及时进入市场销售。

2. 冬储　冬储可采用埋藏法和通风库储藏法。

§3.14 茄子露地栽培农事月历

一、1月份农事安排

1月份是春栽茄子育苗期，中心任务是提高播种质量。

1. 品种选择 河南糙青茄、辽茄1号、辽茄4号、北京七叶茄、北京九叶茄、吉茄2号、天津大民茄、杭茄1号、江丰1号、台湾芝麻茄、苏崎茄和较晚熟的日本千冈2号、宁波条茄等。

2. 阳畦建造 阳畦主要有抢阳畦和改良阳畦，阳畦建造好后用塑料薄膜覆盖，并用压膜线固定，后盖上草苫（长2米，宽1米）作保温材料。

3. 营养土配制 用60%非茄科蔬菜的肥沃土和40%的腐熟猪粪混合均匀作为培养土，每立方米营养土中加入三元复合肥1～2千克、草木灰5～10千克、25%多菌灵50克。苗床底铺10厘米厚的营养土，浇透水以备播种。

4. 种子处理 主要做好种子消毒和浸种催芽工作。

5. 播种 利用晴天上午播种，将出芽的种子均匀地撒在畦面上，盖1厘米厚的营养土，后覆地膜。

6. 苗床管理 主要工作是温度控制、洒水调湿和辅助脱帽等。

二、2～3月份农事安排

2～3月份是春栽茄子苗床管理，主要任务是控制温、湿度，保证幼苗健壮生长。

1. 温度控制 齐苗后适当降低床温，并随着苗龄增长适当提高温度。在2片子叶时，白天22～25℃，夜间13～15℃；2叶1心后白天25～28℃，夜间15～16℃。出圃前逐渐加大放风，降温炼苗。

2. 湿度管理 苗床保持湿润即可，如需浇水，必须在晴天上午10～12时进行，应浇小水，最好是向苗床洒水。

3. 分苗移植　幼苗2叶1心时进行分苗。分苗床床面覆盖营养土12厘米厚，开挖5～6厘米深的栽植沟，按株行距10厘米×10厘米栽植。

4. 定植前管理　加强缓苗期管理和炼苗。

三、4月份农事安排

4月中旬以后是春露地茄子栽植期，中心任务是提高栽植成活率；4月份还是秋栽茄子育苗期，要确保幼苗健壮生长。

1. 品种选择　秋栽茄子主要品种有八叶茄、九叶茄、安阳紫圆茄、绿圆茄、黑圆茄二号、驻茄9号、郑茄2号、豫茄2号、洛茄 1 号、京长茄10号等。

2. 秋栽茄子育苗　同春栽茄子。

3. 土地选择　茄子适于有机质丰富、土层深厚、排水良好、保肥保水的土壤，最好选择5年未种过茄子和茄科类蔬菜的地块。

4. 重施底肥　于头年冬季施入部分底肥，深耕晒垡，第2年春再亩施有机肥5 000千克、50千克磷肥和200千克草木灰或30千克钾肥，深翻耙平。

5. 起垄做畦　高垄连沟宽1.0～1.2米，垄高0.2米；对于地势高、气候干燥的地区，可采取平畦栽培，畦宽2米，栽4行，行距0.5米。

6. 地膜覆盖　不论是平畦栽培或是起垄栽培，均应覆盖地膜，覆膜要绷紧压实。

7. 定植　茄苗长到7～9片真叶、苗高20厘米、门茄现花蕾时即可定植。定植时破膜挖坑、浇水，待水完全下渗时，进行栽植后封土，确保封严薄膜口。早熟品种株行距40厘米×50厘米；中晚熟品种株行距45厘米×60厘米。

8. 缓苗期管理　定植后3天浇1次水，当地面泛黄时，进行浅中耕，以松土通气、提高地温、促进缓苗。

9. 缓苗至开花前管理 缓苗后至开花前一般不施肥、不浇水，如遇干旱可浇1次小水。

四、5月份农事安排

5月份是春栽茄子结果期，中心任务是强化肥水管理，科学整枝打杈。

1. 初果期管理 在门茄“瞪眼”期、门茄采收后分别进行追肥浇水，以后每次采收应结合灌水追施速效肥或稀释的腐熟人粪尿。

2. 整枝打杈 茄子整枝分双杈整枝和三杈整枝。

3. 摘心 摘心一般在拔秧前20天进行，分3果摘心、6果摘心和7果摘心。

4. 保果 在茄子开花期，使用浓度为$25 \times 10^{-6} \sim 33 \times 10^{-6}$的防落素药液喷花，每朵花只能喷1次，不要喷到叶片和生长点上。

5. 防治病虫害 主要防治黄萎病、枯萎病、根腐病、灰霉病、茶黄螨等。

6. 适时采收 当茄子萼片与果实相连接处白色环状带消失时，表示茄子生长停止，应及时采收。

五、6月份农事安排

6月份是秋栽茄子定植期，中心任务是确保苗全苗壮。

6月中、下旬，当秧苗达到5 ~ 7片叶时即可定植，定植后3天浇1次水，当地面泛黄时，进行浅中耕，以松土通气、提高地温，促进缓苗。

六、7 ~ 11月份农事安排

7 ~ 11月份是秋栽茄子缓苗期至成熟期，主要任务是加强苗期管理。

要及时进行中耕蹲苗；门茄坐果后及时追肥浇水，亩施复合肥20千克；四面斗膨大期每10天追施1次化肥，每次每亩施硝酸钾10 ~ 15千克；开花期用20 ~ 30毫克/升的防落素处理花朵，可提高坐果率。

§3.15 辣椒露地栽培农事月历

一、1～2月份农事安排

1～2月份是辣椒育苗期，主要任务是培育壮苗。

1. 品种选择 选用耐弱光、耐低温、不易徒长、连续坐果能力强的早熟或中早熟品种，如豫艺天箭、驻椒14、驻椒21、洛椒一至六号、豫椒968、豫椒101、豫椒17、豫椒4号、豫椒5号、湘椒2号等。

2. 育苗 1月下旬至2月上旬进行育苗。可以采用苗床撒播育苗，也可以选用穴盘育苗，一次成苗。出苗后进行2～3次间苗，保持苗距3厘米。

二、3月份农事安排

3月份，辣椒进入苗期，管理重点是调节床温、增加光照、合理控制水分等。

1. 温度管理 出苗后白天25～28℃，夜间11～13℃；心叶展开后白天28～30℃，夜间13～15℃；分苗前白天25～26℃，夜间11～13℃；分苗后白天28～30℃，夜间15～20℃；定植前降温炼苗，白天23～25℃，夜间10℃。

2. 分苗 当幼苗长到2叶1心或3叶1心时进行分苗，分苗前须进行低温炼苗2～3天。分苗前1天，幼苗要浇“起苗水”，分苗时苗距8～10厘米为宜，栽苗深度以子叶露出床面为最佳，每穴根据品种和定植要求栽单株或双株。

3. 水肥管理 幼苗定植前15～20天，结合浇水追1次速效化肥，并适当松土。

4. 光照管理 分苗后的2～3天，在中午光照较强时，应盖“回头苦”短时间遮光，缓苗后揭开草苫使幼苗见光。

5. 定植前的蹲苗 采用苗床分苗法，定植前需用窄铲将苗床土切开，进行蹲苗；采用营养钵分苗的，在定植前2～4天浇1次水，做到定植时不散坨，避免伤根，保证苗子质量。利用穴盘育苗，通过加大通风量，适当控制水分来炼苗蹲苗。

三、4月份农事安排

4月份是辣椒定植期，中心任务是精细栽植，确保较高成活率。

1. 整地施肥 亩施腐熟优质农家肥5 000千克、过磷酸钙50千克、三元复合肥50千克、硫酸钾30千克作为底肥，有条件可增施100千克饼肥，施肥要在定植前7～10天完成。2/3作底肥，深耕25～30厘米，剩下的1/3在起垄前施于垄下。按照1米1垄打线，垄高10～15厘米，垄上部宽40厘米，底宽55～60厘米，垄上覆盖地膜。

2. 定植 4月中、下旬，选择在晴天定植，每垄栽2行，行距50厘米，穴距35～45厘米，1穴2株，早熟及中早熟品种密度可大些，栽完后浇1次水。

四、5～11月份农事安排

5～11月份是辣椒结果期，管理的重点是前期促根促秧，后期加强肥水管理。

1. 定植后至坐果前管理 缓苗后，结合浇水，亩追施硝酸钾10千克；土壤见干时，及时中耕增温保墒，促进根系发育；在缓苗至开花这一段时间，适当控水进行蹲苗。

2. 坐果早期管理 门椒开花后，严格控制浇水，防止落花落果；大部分门椒坐住后，结束蹲苗；蹲苗结束后亩施硝酸钾20～25千克，或腐熟人粪尿1 000千克，施肥后立即浇水；结合中耕除草进行1次培土。

3. 盛果期管理 进入盛果期，气温较高，7天浇1次水，每次随水亩施高钾速溶肥10～20千克，封行前可进行中耕培土。

4. 防治病虫害　主要防治早疫病、炭疽病、灰霉病、茶黄螨等。

5. 及时收获　辣椒可连续结果多次采收，一般在花凋谢20～25天后，果实充分肥大，果色转浓，果皮坚硬有光泽时可采收青果。采收红椒，一般在花谢后50天左右即可采收。

§3.16　黄瓜露地栽培农事月历

一、3月份农事安排

3月份是春黄瓜育苗期，中心任务是精细播种，为培育壮苗打好基础。

1. 育苗时间　一般在3月中、下旬。

2. 适栽品种　应选用较耐低温、瓜码密、雌花节位低、结瓜性较强的品种，如津春四号、中农8号、中农4号、津春5号、津研4号、津春2号、津杂2号、长春密刺、中农12号、新泰密刺、津杂1号等。

3. 阳畦苗床的建造　苗床为北墙40～54厘米、南墙14～26厘米的斜面阳畦，深度40～50厘米。床底铺垫营养土加马粪，厚度20厘米，再填过筛的肥田土15厘米，上面铺营养土15厘米，踏实床土待播。

4. 种子处理　浸种前先将种子在阳光下晒5～6小时，后在25℃水中浸1小时，捞出控干水分放入55℃温水中，一顺搅动降温至30℃后浸泡5～6小时，涝出用清水淘洗干净，控净水分用纱布包好，在28～30℃条件下催芽。

5. 阳畦升温　播种前6～7天铺好地膜和覆盖物，提高阳畦内温度。

6. 灌水划方　播种前揭开地膜，床土浇1次水，浇透为止，不宜过多，待水下渗后撒1层干细土，然后切成8～10厘米的营养土方。

7. 播种　在营养方中间播发芽的种子，然后盖0.5厘米细土或营养土。播后苗床内撒0.5厘米厚的福美双药土。撒盖药土后先覆盖1层地膜，然后覆盖薄膜和草苫，保持阳畦内温湿度。

8. 穴盘基质育苗 也可以在设施中进行穴盘基质育苗，选用50穴或32穴穴盘进行播种，每穴点播1粒种子。

二、4月份农事安排

4月份，春黄瓜进入苗期，重点是加强温湿度管理，创造秧苗生长的良好环境。

1. 播后苗前管理 苗前勿通风，保持温度28～30℃，相对湿度80%～90%。当大部分幼苗拱土露头后，及时揭去地膜，防止高温烧苗和高脚苗出现。

2. 出苗后管理 当70%种子出苗后，通风降温，保持白天25～28℃、夜间15～17℃；第1片真叶顶心前增加光照，降低夜温和苗床水分，保持白天26～28℃、夜间11～13℃；第1片真叶顶心至第3叶展开前，保持白天28℃、夜间13℃。

3. 定植前管理 黄瓜苗达到4叶1心即可定植，在定植前5～7天适当降温控水进行炼苗，保持白天22～25℃、夜间10～11℃。

三、5月份农事安排

5月份是春黄瓜定植期、植株生长期，中心任务是提高定植质量，促进植株生长。

1. 精细整地 冬前亩施优质腐熟农家肥6 000～8 000千克，耕翻冻晒土壤，定植前亩施复合肥100千克，耕翻耙平踏实后进行起垄，做成1.2米“马鞍形”高垄，垄高15～20厘米，垄沟宽30厘米，垄面宽1.2米，并在垄面覆盖地膜。

2. 适时定植 5月上、中旬，幼苗4叶1心时定植，株距25～30厘米，1垄2行，栽后浇定植水。

3. 插架绑蔓 黄瓜定植后，立即搭“人”字架。架高1.5～2.0米，当主蔓长到20～30厘米开始绑蔓，以后每隔3～4叶绑1次;主蔓1～6节长出的侧蔓及早去掉，6节以后侧蔓留1叶1瓜摘心，主蔓长满架后进行摘心。

4. 灌水与中耕　缓苗后浇1次水，促进根系吸水吸肥，以利壮苗，浇水后中耕蹲苗。黄瓜进入结果期，需水量大，需要多浇水，每3～5天浇1水，隔1水追肥1次。末瓜期，需水量少，应少浇水。

5. 防治病虫害　主要防治霜霉病、红蜘蛛等。

四、6～7月份农事安排

6～7月份是春黄瓜采收期，中心任务是加强水肥管理，适时采收；6～7月份也是秋栽黄瓜播种或育苗期，要确保苗全苗壮。

1. 追肥　根瓜采收时进行第1次追肥，亩施复合肥15千克，结瓜盛期亩施复合肥30千克，每次追肥时适当增加少许磷钾肥。以后视情况进行少量多次追肥，一般采收1次瓜，进行1次追肥。

2. 浇水　当根瓜速长时，浇1次水，最好是稀粪水，之后6～7天浇1次水，到结瓜盛期，每3～4天浇1次水，浇水应在清晨进行。

3. 采收　黄瓜以鲜食为主，应及时采收，晚摘不但影响品质，而且导致坠秧，延缓下一个果实的发育，采收应在早晨进行。

4. 秋栽黄瓜品种选择　黄瓜秋季露地栽培应以耐热、抗病品种为主，可选用津春4号、津春5号、津优1号、津研7号、津杂2号、夏丰、园丰元6号、早青二号、粤秀一号、中农8号等品种。

5. 秋栽黄瓜整地、施肥、做畦　由于夏季多雨，肥料易流失，应重施有机肥，整地前亩施腐熟圈肥4 000～5 000千克，整地不宜深，以15厘米左右为宜，以免深耕积水受涝。秋栽黄瓜一定要用小高畦或高垄，不能用平畦，以免受涝。在做畦的同时，还要提前挖好排水沟，以备雨后排水用。

6. 播种　播种时间可根据前茬作物腾茬时间，安排在6月中旬至7月上旬，多采用直播，也可育苗移栽。由于夏季高温瓜苗较弱，可适当密植，一般每畦栽2行，株行距（25～30）厘米×60厘米，亩栽5 000～5 500株。

五、8月份农事安排

8月份是秋栽黄瓜结果期，中心任务是加强田间管理工作。

1. 中耕除草 出苗后应进行浅中耕，促幼苗发根，防止徒长。结瓜前还要中耕多次，重点在于除草。

2. 排水 播种结束后，要着手修整排水沟，加固渠道，清除沟底杂物。一旦变天，应把排水的畦口敞开，大雨时要及时排除积水。

3. 追肥浇水 秋栽露地黄瓜，应特别注意防涝。浇水要看天、看地，灵活掌握。苗期可施少许化肥促苗生长，结瓜后，一般每10～15天追肥1次，每次亩施氮、磷、钾复合肥10～15千克。结瓜盛期肥水要充足。“处暑”后天气转凉，可叶面喷施0.2%磷酸二氢钾或0.1%硼酸溶液。

4. 搭架引蔓 进入8月份，当植株6叶期后及时搭架引蔓，结合绑蔓摘除卷须，去除根瓜以下的侧蔓，中上部侧蔓留1瓜1叶摘心；植株有23～25张叶片时摘心或放蔓。

5. 采摘根瓜 定植后1个月，根瓜长20厘米左右即可采摘、上市。

6. 摘除老叶 结瓜中后期摘除大部分黄叶和老叶，以利于通风透光。

7. 适时落秧 植株生长过高时，应适时落秧，把下部茎秆盘在地面，使植株高度降低。

8. 防治病虫害 主要有霜霉病、白粉病、炭疽病、角斑病、蚜虫、螨虫等，要及时防治。

§3.17 黄瓜设施栽培农事月历

一、1～2月份农事安排

1～2月份是早春黄瓜的育苗期，中心任务是选择适宜品种，创造条

件，培育优质壮苗等。

1. 品种选择　选用早熟性强、第1雌花节位低、叶蔓生长适宜、具有较高的抗病性等品种，如津优35、津优609、博杰616、博杰605、中农5号、中农12、中农26等。

2. 播种　设施栽培黄瓜适宜苗龄40～45天，采用电热温床育苗苗龄30天。大棚单层薄膜覆盖种植播种期为2月中旬，大棚多层覆盖种植可于1月下旬育苗。

3. 苗床管理　分段变温管理。幼苗期间，控制苗床温度在10～14时为28℃，14～20时为24～26℃，上半夜为20～18℃，下半夜为12～14℃。幼苗1片真叶后可进行叶面补肥，叶面喷施0.3%尿素或0.2%磷酸二氢钾。

4. 防治病害　主要防治猝倒病、立枯病、霜霉病等病害。

二、3～4月份农事安排

3～4月份是早春黄瓜定植期，中心任务是整地施肥起垄，做好定植准备工作；精细栽植，科学进行定植后管理。

1. 整地施底肥　施足有机肥和化肥，然后深翻晒垡。定植前1个月扣棚，提高地温，提前半个月整地做畦。一般高垄宽80厘米，沟距60厘米。

2. 定植　大棚单层薄膜覆盖的在3月中、下旬定植；采用大棚内扣小拱棚、盖地膜、小拱棚夜间盖棉毡四层覆盖，3月上、中旬定植。定植前10厘米地温必须稳定在12℃，定植要选连续晴天上午进行。定植方法有穴栽暗水定植、开沟明水定植和水稳苗定植三种。

3. 定植后的管理　为促进黄瓜迅速缓苗，多层覆盖的定植当天就要插好小拱，扣上二层膜，夜间并加盖草苫防寒。定植后1周，白天小拱棚内温度不超过35℃可不揭小拱棚。小拱棚上的覆盖物要早揭晚盖，缓苗后逐渐揭去小棚。定植后10天内一般不放风，提高棚温，促进地温升高。缓苗后控制浇水，并进行膜下中耕、促根、壮秧。对棚温实行变温管理，即白天上午控制在25～30℃，午后20～25℃，20℃时关闭通风口，15℃时覆盖草苫，前半夜保持15℃以上，后半夜10～13℃。当苗高30厘米，卷须放开后，及时除去小棚吊蔓。此期要特别注意预防寒流为害。

三、5～6月份农事安排

5～6月份是早春黄瓜结瓜期，中心任务是结瓜盛期的水、肥、温度、湿度管理及病虫害防治。

1. 结瓜期管理 在根瓜坐住并已开始伸长时进行追肥，之后5～6天灌1次水，隔1次灌水追1次肥；随温度升高追肥和浇水次数逐步增加，高温期隔1天浇1次水，隔1次水追1次肥，温度白天保持25～32℃，超过32℃放风，20℃时停止放风，前半夜保持16～20℃，后半夜保持13～15℃。当棚外最低温度达到15℃以上时昼夜通风。黄瓜植株长到25～30片叶时摘心，促进回头瓜的着生，提高采收频率，由原来3天1次逐渐提高到每天采收1次。

2. 结瓜后期管理 黄瓜植株摘心后，进入生育后期，此期的重点是加强病虫害防治，避免早衰，延长采瓜时间。要加大放风量，控制棚内湿度，减少灌水次数，降低温度，控制茎叶生长，促使养分回流，多结回头瓜。在回头瓜膨大期间，应及时追肥浇水，促进回头瓜的生长。及时摘除老叶、病叶、黄叶。

3. 防治病虫害 主要防治霜霉病、灰霉病、细菌性角斑病、蓟马、根结线虫等。

四、7～8月份农事安排

7月至8月上旬是秋延迟黄瓜育苗和定植期，中心任务是选择适宜品种，选择合适育苗场地，培育适龄壮苗，加强定植后管理等。

1. 品种选择 该茬口的气候特点和早春大棚栽培正好相反，前期处于高温多雨季节，后期温度急剧下降。因此选用品种要求抗病性强、耐热、结瓜早、瓜码密且收获集中，如津春4号、津优36号、博杰618、博杰179

等。

2. 播种适期　适宜播种期为7月下旬至8月上旬。大棚可于7月下旬播种，10月上旬进入盛瓜期，延迟到11月上、中旬拉秧，多层覆盖的保温性好的大棚于8月上旬播种，10月下旬进入盛瓜期，12月上旬拉秧。

3. 直播或育苗　生产上可采用扣棚直播的方法，扣棚直播不移栽；也可以采用育苗移栽，此时正处于高温、强光、多雨的季节，育苗难度比较大，因此可选择育苗设施较好的专业育苗公司代育苗。

4. 整地起垄　前茬作物收获后，及时整地施肥，然后灌水，待土壤干湿适宜时翻地、整平后带墒起垄。做成垄底宽80厘米的大垄，大垄中间开20厘米的小沟，形成2个宽30厘米、高10厘米的小垄，2个大垄间有70厘米的大沟，每个小垄上栽植1行。

5. 定植或直播

（1）定植：苗龄20天左右，幼苗2叶1心即可定植，株距32厘米左右，每亩栽苗2 800株左右。

（2）直播：可采用开沟点播方法，先在垄上开挖深3厘米、宽5～6厘米的小沟，引水灌沟后点播，每9～10厘米放1粒种子，播后覆土1.5厘米，3天可出齐苗。2片真叶时定苗，定苗密度每亩2 800株左右。

6. 苗期病害防治　主要是猝倒病，防治同春季育苗。

五、9～10月份农事安排

9～10月份是秋延迟黄瓜结瓜盛期，中心任务是重点做好温、湿度调控，加强水肥管理，及时植株调整和病虫害防治等。

1. 大棚温、湿度调节

（1）结瓜前期：无论是直播还是育苗移栽，应将棚四周的塑料薄膜全部揭开，留棚体顶部的薄膜，以减轻直射光的强度，并能降温防雨。雨天时可将薄膜放下来，雨停后立即打开。

（2）结瓜盛期：10月中旬外界气温下降较快，应充分利用晴朗天气，白天将棚内温度提高到26～30℃，夜间注意保温使之保持在13～15℃。

（3）结瓜后期：从10月中、下旬到拉秧，外界气温急剧下降，要加强保温管理。

2. 肥水管理 定植后，表土见干时浇1次缓苗水，吊蔓前可进行1次追肥，进入盛瓜期，肥水要足。

3. 中耕除草与植株调整 从定植到坐瓜，一般中耕松土3次，当植株长到25片叶后要及时打顶摘心，及时摘除底部老叶、病叶，减少养分消耗，促进回头瓜的生长。

4. 防治病虫害 秋延迟黄瓜因前期高温多湿，后期低温多雨，易感染根腐病、霜霉病、灰霉病、疫病、白粉病等病害，并易发生蚜虫、白粉虱等虫害，要及时防治。

§3.18 番茄露地栽培农事月历

一、2～3月份农事安排

2～3月份是春番茄育苗期，中心任务是精细播种，保温保湿促健苗。

1. 适栽品种 露地栽培应选择抗逆性强、叶量多、叶片大、生长势强的大果型品种。如金粉122、粉都28、粉都78、中蔬4号、毛粉802、早丰、西粉3号、大红一号、T粉15番茄、中杂11号、佳红等。

2. 育苗 育苗时间为2月中旬至3月上旬。阳畦苗床、播种苗床、分苗苗床及其营养土配制参考黄瓜阳畦建造。做好温汤浸种、磷酸三钠浸种和种子催芽工作。播种前苗床灌水，浇透为止，不宜过多，待水下渗后撒1层干细土即可播种。播种可采取撒播、条播和点播。

3. 育苗期管理

（1）1叶前管理：播种后应保温保湿，幼苗70%出土后，于清晨或傍晚撤去破膜，并均匀撒 1 层潮湿的细土。

（2）分苗：当幼苗进入 1 叶期时进行分苗，包括分苗床分苗和营养钵分苗。移苗前 1 天对育苗床浇水，湿润土壤，便于起苗。

（3）分苗后管理：苗床应保持土壤湿润，缺水时可在晴天上午浇水，结合浇水覆土 2 次，以增加根系。

二、4 月份农事安排

4月份是春番茄定植和结果期，中心任务是做好缓苗、蹲苗、肥水管理等。

1. 炼苗　定植前7～10天，逐渐加大通风量，降温控水进行炼苗。

2. 整地做畦　亩施腐熟农家肥6 000～8 000千克、复合肥或磷酸二铵50千克、过磷酸钙100千克、硫酸钾30千克。施肥后耕翻25～30厘米，然后耙耱平整做畦。

3. 定植　根据天气情况，平原基本在4月10日左右开始定植，高山地区4月25日左右开始定植。株距30～35厘米，亩栽2 800～3 000株。

6. 中耕除草　降水后或灌水后及时进行中耕除草，整个生育期一般进行3～5次，前期深，后期浅。结合中耕进行培土，以防倒伏。

7. 灌水　于定植后3～5天灌水，缓苗水要大，以促进根系快发，缩短缓苗期。浇缓苗水后要进行中耕。

8. 蹲苗　缓苗后到第1花穗坐果期间进行蹲苗，一般不浇水。第1穗果核桃大小、第2花序果实蚕豆大、第3花序刚开花时结束蹲苗。

三、5 月份农事安排

5 月份是春番茄结果期，管理重点是肥水齐攻，促产增收等；5 月下旬是秋栽番茄的育苗期，要确保全苗、壮苗。

1. 肥水管理

（1）追肥：第 1 果穗幼果核桃大小时，结合浇水要追施 1 次催果肥，在第 2 穗果和第 3 穗果迅速膨大时各追肥 1 次，2 次采果以后，每采 1 次进行1次根外追肥。

（2）浇水：在正常天气情况下，一般每隔4～6天灌水1次。

2. 搭架绑蔓 定植后到开花前要进行搭架绑蔓，防止倒伏，生产上多为“人”字架。绑蔓要把果穗调整在架内，茎叶调整到架外，以避免果实损伤和日烧，提高群体通风透光性能。

3. 整枝打杈 有单干式整枝、一干半整枝和双干整枝，应及时疏除下部老叶、黄叶、病叶和密叶，增加田间通风，减少病害发生。

4. 保花保果 春茬露地番茄保花保果的主要措施是培育壮苗，保证育苗时的温度，促进花芽分化健康，适时定植。

5. 防治病虫害 主要防治晚疫病、早疫病、病毒病、溃疡病、叶斑病、青枯病、蚜虫等。

6. 秋栽番茄品种选择 秋番茄主要品种有合作903、西安早丰、苏抗4号、苏抗5号、苏抗9号、西粉3号、苏粉1号、苏粉2号、渝抗2号、渝抗4号等。

7. 秋栽番茄育苗 5月下旬开始，采取穴盘育苗。

四、6～9月份农事安排

6～9月份是春栽番茄采收期，在加强管理的同时，适时采收；同时也是秋栽番茄定植至结果期，重点要做好缓苗、肥水管理等工作。

1. 加强管理 加强肥水管理，一般7天左右施1次肥、浇1次水。在此基础上，及时进行整枝，摘除老叶、病叶，适时进行落架。必要时可进行2～3次根外追肥。

2. 适时采收 鲜果上市最好在转色期或半熟期采收，储藏或长途运输最好在白熟期采收，加工番茄最好在硬熟期采收。

3. 秋栽番茄定植 6月下旬至7月上旬，秋栽番茄做畦定植，畦宽1.6米，畦面宽90厘米，畦间留70厘米作业道，1畦栽植2行，行距50厘米，株距40厘米。定植后灌透水，并根据天气情况和土壤墒情，3～5天后若地面发黄，再浇1次小水，确保番茄顺利缓苗，浇缓苗水后要进行中耕。

4. 秋栽番茄田间管理　8月份，秋番茄进入结果采收期，重点是加强肥水管理，经常保持土壤湿润，防止忽干忽湿；采取土壤追肥和根外追肥，注意防治早疫病、晚疫病、病毒病、芽枯病、叶霉病等。

五、10 ~ 11 月份农事安排

10 ~ 11月份是秋栽番茄采收末期，要密切关注水分状况，干旱时注意补水，降水时注意排水；及时清除杂草、清理残株，并深埋或烧毁，切不可直接堆积在路边。

§ 3.19　番茄设施栽培农事月历

一、11 月份至翌年 1 月份农事安排

11月份至翌年1月份是春播番茄设施栽培育苗期，中心任务是选择适宜品种，加强苗期管理，培育带花蕾、健壮、无病的适龄大苗，为早熟丰产打好基础。11月份至翌年1月份秋冬茬番茄进入结果期，中心任务是科学水肥管理，促进秧、果协调生长，延长结果期，增加产量。

1. 选择品种　选择对温度高低变化适应性能强、第1花序节位低、坐果率高、早期产量高而成熟期比较集中、早熟丰产、抗病、品质较好的品种，如瑞星大宝、瑞星金盾、意佰芬–5、春旺、粉都53、金粉硕果、正粉5号、金棚8B号、东圣金刚、奥锦268等。

2. 播种育苗　农户自己可采用穴盘育苗，也可由专业育苗场育苗。

根据定植时间可以从 11 月中旬至翌年 2 月中旬播种。种子要进行药剂处理或温汤浸种处理，处理后的种子在常温水中浸种后进行催芽。用 72 穴育苗穴盘播种育苗，并覆盖地膜。播后要控制昼温在 28 ~ 30℃，夜温在

15～20℃，盖严棚膜，不通风。幼苗大部分开始顶土时，应及时揭开地膜，以防高脚苗出现。

苗期适时调控温湿度，定植前7～10天，加大苗床通风量，温度白天20～25℃，夜间10～13℃；定植前5～7天控制浇水量，加大通风炼苗。

3. 冬茬番茄结果期管理

（1）肥水管理：在第2、第3穗果分别长到核桃大小时，各追1次肥，结合追肥浇水。

（2）采光、保温、排湿：在晴天，要早揭晚盖棉被，使棚内气温保持在白天25～28℃，夜间12～15℃。当中午温度升至30℃以上时，适当开天窗通风来降温排湿。遇阴雪天气，停雪后的白天揭开棉被增加棚内光照。

（3）整枝绑蔓：从植株第1花序坐果后，就要及时绑秧吊蔓，防止倒伏。及时去掉侧芽、老叶、病叶、病果、虫果、畸形果等。

（4）防治病害：注意防治灰霉病、晚疫病等。

4. 冬茬番茄采收 在大棚内不出现低于8℃低温的情况下，在不影响下茬定植的前提下，可尽量延期采收。

5. 冬春茬番茄定植 11月中、下旬是冬春茬番茄的定植期，方法同春播番茄。

二、2月份农事安排

2月份是春播番茄定植期，中心任务是整地施肥、棚室消毒、科学定植及缓苗期管理等。

1. 安排好茬口 番茄与同科作物轮作时间2年以上，最好的前茬是葱、蒜类，其次是豆科类、瓜类、十字花科类等；检查整修棚室，提前进行有苗管理，提高棚温。

2. 整地施肥 施足充分腐熟的有机肥和化肥，然后深翻做垄，采取宽垄双行定植。一般垄宽90～100厘米，垄沟宽50～60厘米，垄高15厘米，垄面平，上面铺设滴灌管、地膜，垄向为南北向，受光均匀。

3. 棚室消毒　定植前要进行高温闷棚，若温度达不到消毒效果，可以在定植前用10%异丙威或10%百菌清烟剂进行熏棚，杀虫杀菌消毒。

4. 定植　有限型品种一干半整枝栽培，定植的行株距为75厘米×36厘米，每亩2 500棵左右；无限型品种单干整枝，定植行株距为75厘米×42厘米，每亩2 100棵左右。在定植前可覆盖好地膜，有利于提前提高地温；也可定植缓苗后浅锄1～2遍再覆膜。定植后加强温、湿度管理。

三、3 月份农事安排

3 月份是春播番茄结果初期，中心任务是温、湿度管理，及早预防病害发生等。

1. 温、湿度管理　缓苗后至第1穗果膨大棚内气温保持昼温20～25℃，夜温12～15℃，适当控水，进行蹲苗，不要放底风，开天窗放上风，小放风。

2. 水肥管理　缓苗后至第1穗果膨大这段时间，一般不追肥、不浇水，而在覆膜前连续进行中耕划锄1～2次，每次间隔5～7天，中耕深度以4～6厘米为宜。

3. 防治病害　主要防治晚疫病、灰霉病等。

四、4 ～ 6 月份农事安排

4～6月份是春播番茄果实期和采收期，中心任务是增加水肥供应，及时整枝打杈，保花保果，及时去掉老叶、病叶、病果和畸形果，及时采收成熟果，加强病虫害的防治；5月份是夏秋茬番茄的定植期，要做好田间管理。

1. 温湿度管理　棚内气温白天25～28℃，夜间13～15℃，日夜温差保持在10℃以上。10厘米土层的地温20～22℃，气温高于35℃花器官发育不良，地温低于13℃或高于30℃时根系生长受阻；空气相对湿度控制在45%～55%。

2. 肥水管理 第1穗果核桃大小、第2穗果蚕豆大、第3穗刚开花时进行第1次追肥和浇水，根据天气、墒情及植株长势每隔7～8天浇1次水。

3. 整枝 定植后，当第1穗花下第1侧枝10厘米时进行打杈，之后见杈就打掉，越早打越好。单干整枝，所有侧枝全部打掉；一干半整枝，要将第1穗花下第1枝留下，其余的侧枝都要及时打去,及时摘除底部老叶、病叶。

4. 保花保果 用植物生长激素2，4－D或防落素蘸花或喷花处理来保花保果，提高坐果率。

5. 疏果 及时疏去病果、虫果、畸形果和过小果以及多余果，提高果实品质。

6. 防治病虫害 主要防治早疫病、叶霉病、脐腐病、日灼病、根结线虫、茶黄螨、蚜虫、白粉虱、蓟马等。

7. 夏秋茬大棚番茄品种选择 采用耐强光、耐高温、耐潮湿、抗病性强等抗逆力强的高产优质中熟和中晚熟品种，如粉都高产王、惠裕、正粉5号、西贝、意佰芬–5、佳多芬、佳丽1719、罗拉等。

8. 夏秋茬大棚番茄定植 5月上、中旬夏秋茬番茄定植，方法同春播番茄。

五、7～8月份农事安排

7～8月份是秋冬茬番茄设施栽培的育苗期，中心任务是培育适龄壮苗，搞好苗期管理；此期也是夏秋茬大棚番茄的结果盛期，要加强田间管理。

1. 秋冬茬番茄品种选择 选用既耐苗期高温，又耐结果期低温，且抗病毒病能力强的高产优质品种。主要品种有瑞星大宝、金棚8B号、正粉5号、惠裕、西贝、意佰芬–5、佳多芬、佳丽1719、罗拉等。

2. 育苗 适宜播期为7月上、中旬。育苗应采用一次成苗技术，最好由专业育苗场培育。苗床选择地势高燥、排水好、通风好、未种过果菜类蔬菜的地块做高畦苗床育苗。基质配制、苗床消毒、种子处理、催芽等环节同春茬番茄育苗。采用穴盘直播，覆盖遮阳网，保护地育苗，用直接在苗床穴盘播种的一次成苗法，避免因分苗移植而伤根。播种用银白色遮阳网覆盖，减轻强光高温为害且可避蚜，减少病毒病传播。加强苗床温湿度管理和病虫害防治工作。

3. 夏秋茬大棚番茄田间管理　增加浇水施肥次数，促进果实膨大，保持植株旺盛生长，同时要及早预防病虫害。

六、9 ~ 10月份农事安排

9 ~ 10月份是秋冬茬番茄设施栽培定植期，中心任务是整地、施肥、起垄和棚内高温消毒，精心栽植，认真做好定植后管理；10月上旬是冬春茬番茄设施栽培的育苗期，要确保苗全苗壮。

1. 整地、施肥、起垄　施足有机肥和化肥，然后深翻做垄，采取宽垄双行定植，一般垄宽90 ~ 100厘米，垄沟宽50 ~ 60厘米，垄高15厘米，垄面平，上面铺设滴灌管，垄向为南北向，受光均匀。

2. 定植　穴盘育苗播后25 ~ 28天定植，营养钵育苗播后30 ~ 35天定植，番茄苗4 ~ 5片真叶为宜。8月下旬到9月初为秋冬茬番茄的定植适期。有限型品种一干半整枝栽培，定植的行株距75厘米 × 40厘米，每亩2 200棵左右；无限型品种单干整枝，定植行株距75厘米 × 45厘米，每亩2 000棵左右。预防茎基腐可以在定植时用30%噁霉灵1 500倍液浸盘蘸根，预防病毒病可以用6%氨糖·链蛋白1 000倍液加25%噻虫嗪7 500倍液浸盘蘸根。

3. 定植后的管理　一是缓苗期管理，注意通风、遮阳降温，缓苗后进行中耕2 ~ 3遍，在10月中旬左右根据当年气温变化情况，进行覆盖地膜。二是开花坐果期管理，白天将大棚前沿薄膜揭起，通风降温，晚间盖好，使棚内温度控制在白天23 ~ 30℃，夜间15℃以上。用防落素或2，4 – D蘸花、涂花，促进坐果、保果。要勤中耕松土，保墒散湿。在大棚放风口处挂防虫网，防止蚜虫、白粉虱等害虫飞入棚内。

4. 冬春茬番茄品种选择 要注意选用耐低温、耐弱光、抗病、高产的优良品种，如天妃九号、天妃七号、天琪一号、天宝326、金棚8号、金棚9号、普罗旺斯、瑞星大宝、瑞星金盾、粉都高产王、美琪8号、圣罗兰等。

5. 冬春茬番茄育苗 方法同春播番茄。

§3.20 新型农业机械

实施乡村振兴战略，农业机械化将显现出越来越重要的作用。发展农村经济，促进一、二、三产业融合，加强农村生态建设，减少农业生产带来的污染，都离不开农业机械化。随着现代农业的发展，农机具不断更新与改造，全自动植保无人机、深松机、多功能精量播种机、秸秆粉碎还田机、花生联合收割机、薯类收获机等一大批增产增效型、资源节约型、环境友好型机械化技术得到推广和使用，提高了农业综合生产能力、抗风险能力和市场竞争力，促进了农业可持续发展。新型农机已经成为农民的好帮手。这里，为大家介绍部分新型农业机械。

一、耕作机械

耕作机械是对农田土壤进行机械处理使之适合于农作物生长的机械。近年来，复式作业和联合作业机具发展很快，应用较广的机具有松土机、旋耕机等。

1. 多功能松土机 多功能松土机又称深松机、深耕机，具有碎土能力强、耕后地表平坦等特点，主要用于旱田、水稻田和蔬菜地，也用于果园中耕和开垦灌木地、沼泽地和草荒地。

多功能松土机与拖拉机配套使用，旋耕深度可以达到10～50厘米，

有较强的碎土能力，在不翻土的情况下，疏松土壤，打破长期旋耕或浅耕形成的犁底层，改善土壤的透水、透气性和土壤的团粒结构，有利于蓄水保墒和作物的根系发育，增强作物的抗旱耐涝能力。多功能松土机作业时不打乱耕作层，保持土壤上下土层不乱，对地面覆盖破坏小，还可以降低农机作业强度，减少作业成本。一次作业能使土壤细碎，土肥掺和均匀，地面平整，达到旱地播种或水田栽插的要求，有利于争取农时，提高工效，并且对残茬、杂草的覆盖能力较强，便于播种机作业，为后期播种提供条件。

2. 小型松土机　小型松土机是用松土齿进行破碎、松动或凿裂坚硬土层的施工机械，主要由电动机、减速齿轮、行走机构、松土刀、深度调节机构等组成。

电动机提供动力，通过联轴器与减速齿轮轴连接。工作部件由刀盘和立式松土刀组成，分为两组，由减速齿轮带动。深度调节机构由手柄、链轮及链条组成，通过改变机架的高度实现松土深度的调节。

3. 旋耕机　旋耕机是由拖拉机动力输出轴驱动的耕作机具，它是利用刀轴上刀片的旋转和前行的复合运动来耕地或对已耕过的土地进行碎土作业，不仅适用于农田的旱耕，还适用于盐碱地浅层耕作覆盖，以抑制盐分的上升，能完成灭茬除草、翻压覆盖绿肥和蔬菜田的整地作业。其特点是：翻土和碎土能力强，耕作后土壤疏松，地面平整，将表层的肥料拌和在土壤中，覆盖严密，工效较高，油耗较低，对土壤湿度适应范围较大，一般拖拉机能下田即可进行耕作。并能加挂起垄或深松部件，组成旋耕、灭茬、起垄或深松复式作业机械。缺点是耕深较浅，不能清除杂草。

4. 旋耕起垄施肥机　旋耕起垄施肥机是由拖拉机动力输出轴驱动的作业机械。它利用旋耕机刀轴上刀片的旋转运动和机具前行的复合运动，对田地进行旋耕、起垄、施肥作业，具有碎土能力强的特点，能一次性完成碎土、翻土、开沟、起垄、施肥等作业，可用于烟叶等作物。

5. 多功能田园管理机　多功能田园管理机是专门为果园、农田菜地、温室大棚、丘陵坡地和小块地（水田、旱田）而设计的农业机械，可以装配多种机具，从事开沟、培土、起垄、旋耕、施肥、播种等多种作业。适用于园林、果园、温室大棚、梯田、茶园等难以作业的地段，尤其适合在葡萄园、猕猴桃园等果园开沟、施肥、翻土作业。多功能田园管理机的主要特点：一是体积小、重量轻、功能多，装配相应的机具可以实现开沟、培土、起垄、旋耕、除草、运输等功能；二是轮距比较窄，只要有很小的空间，在果园、大棚等都能发挥该机最大的优势；三是适用范围广，适用于大葱、生姜、马铃薯、辣椒、西瓜、萝卜、玉米、花卉、甘蔗、烤烟、蓝莓、草莓等农作物，以及果园、茶园等。

二、播种机械

1. 多功能精量播种机 与四轮拖拉机配套，可用于小麦、玉米、油菜、芝麻、大豆、花生、蔬菜、中药材等农作物的播种作业。通过排种控制系统对下种数量精密控制，播种时按量定距，将种子相对有规律地单粒排放在出苗环境较好的土层，使出苗株距自然合理，而且减少了人工间苗的环节，播种效率是人工的15倍以上，具有省工、省种、省时、保墒、节肥、节水、苗匀、苗齐、苗壮、增产的作用，每亩可增产10%～20%。

2. 多功能免耕覆秸精量播种机 可用于配套动力22～30千瓦或37～44千瓦或60～88千瓦（30～40马力或50～60马力或80～120马力）的拖拉机，在未经处理的任何状态下的任何作物秸秆根茬地上，能一次性完成清秸防堵、侧深施肥、开沟播种、覆土镇压、喷施药剂和秸秆均匀覆盖作业，实现保护性耕作与精量播种的有机结合，适用于小麦、大豆、玉米和花生等作物。

3. 秧苗移栽机 秧苗移栽机主要由喂入器、导苗管、扶苗器、开沟器和覆土镇压轮等工作部件组成，以25.7千瓦（35马力）以上的拖拉机为动力。工作时，由人工分苗后，将秧苗投入到喂入器的喂入筒内，当喂入筒转到导苗管的上方时，喂入筒下面的活门打开，秧苗靠重力下落到导苗管内，通过倾斜的导苗管将秧苗引入到开沟器开出的苗沟内，在栅条式扶苗器的扶持下，秧苗呈直立状态，然后在开沟器和覆土镇压轮之间所形成的覆土流的作用下，进行覆土、镇压，完成整个栽植过程。

秧苗移栽机主要适用于钵体植物苗、蔬菜苗、瓜果苗和块状种子（如马铃薯、芋头）等农作物的栽种，特别适合对烟叶、茄子、甜菜、辣椒、番茄、菜花、莴笋、卷心菜、黄瓜、西瓜、红薯、棉花等作物的栽植作业。秧苗移栽机不仅适合大田栽植，又可用于大棚内秧苗的移栽。但要注意，移栽机作业时必须在旋耕耙细后的地块使用，否则将损坏机器。

4. 马铃薯种植机　马铃薯种植机由划线器、排种器、料箱、扶土盘等部件构成，可一次完成开沟、起垄、施肥、种植、喷药等一系列作业，适用于马铃薯大面积机械化种植，而且漏种率、重种率低，播种精度高，可有效减轻劳动强度，提高劳动生产率，降低生产成本。

5. 油菜播种机　油菜播种机以拖拉机为动力，采用轮式行走，前轮驱动，后轮支撑，能一次完成施肥、开沟、播种和覆土等联合作业；也可单独完成播种、施肥、开沟起垄和开排水沟作业；还可以进行旋耕翻地、中耕培土及开沟施肥作业。

三、收获机械

1. 雷沃70小麦收割机　雷沃70小麦收割机具有以下特点：一是作业效率高。配装雷沃106千瓦发动机，输送能力和脱粒能力强，作业速度快，效率高。二是清选干净。920毫米加宽清选筛，通过清选筛加长、加宽，清选面积达到了2.3平方米，较行业同类机型整整高出17%，清选能力大幅提升。三是可靠性高。封闭式轮边减速器，密封好，工作可靠，使用寿命长；整车集中供油装置，方便客户保养，省时、方便，提高零部件可靠性。四是适应性强。活动凹板间隙增加25毫米/30毫米挡空位，脱粒分离间隙可调范围增多，获得作物脱粒分离的最佳效果；前弯式拨禾轮，可根据作物倒伏情况调节，收获倒伏小麦效果好。五是驾乘舒适。配装豪华密封式空调驾驶室，密封性能更好，操作舒适方便。

2. 稻麦联合收割机 稻麦联合收割机能一次完成收割、脱粒、清选、割茬和装袋全过程作业。该机有良好的水田通过性与越野性，能在泥脚深度小于250毫米的水田中正常作业；不借助外力可顺利爬越低于40厘米高的土坎。收割后对水田的硬底层不造成任何破坏，水田表面基本平整，有利于下季的耕作。割台下的二次割刀可上下浮动，将稻草切割还田，割茬较低。稻麦联合收割机操作轻便灵活，维护保养方便；清选机构简单实用，而且含杂率低、损失率小、功效高。

3. 润源玉米籽粒收割机 润源4YZ-6（G60）玉米籽粒收割机是一款大型的非传统式的联合收割机，它采用国际先进的技术——双轴流钉齿分离滚筒结构，进而增强了机器的脱粒、分离性能，降低了谷物的破碎率，使其收获性能在国内同类机型中处于领先水平。该机主要用于收获玉米，更换割台后还可用于收获水稻、小麦、荞麦、高粱、谷子等作物，真正实现一机多用。该机具有以下特点：一是高效性。采用“钉齿双纵轴流滚筒”式分离结构，分离面积大、分离效果好、破损率和损失率低；采用液压控制方式卸粮，卸粮时间短，生产效率高。二是可靠性。实行全方位覆盖式监控，确保每个工作部位正常运转。三是安全性。前轮轮胎采用强度指标为14层级的优质轮胎，有效增大承载能力；采用发动机防火罩，有效防止杂物引燃发动机；配置倒车影像系统，更加安全、可靠。

4. 花生收获机 花生收获机可将花生挖起并清除泥土后收集装入果箱。作业时，挖掘铲将花生连同土壤铲起,在抛土轮和拨送轮的抛击作用下，土块被打碎并漏走一部分，然后经过3个分土轮的连续抛掷，将细土块和碎土粒通过圆弧形条杆筛排出，花生荚果及少量细根与细土则被抛至摆动式清选筛，细土等通过筛孔排出，花生果由筛面滑入两侧的果箱内。这种收获机适用含水量为10%～18%的沙壤土花生地。

5. 花生联合收获机　花生联合收获机可一次完成花生的挖掘或拔取、分离泥土，以及摘果和清选等作业，有挖掘式和拔取式两种。前者采用三角形挖掘铲把花生连同泥土铲起，经分土轮分离出大量泥土后，再经输送装置送入摘果装置。后者用于沙土地丛生蔓花生的收获，它由每行1对环形夹持输送胶带夹持花生茎蔓后，连同花生拔起，经输送装置送入摘果装置。二者的摘果和清选等装置基本相同，摘果装置采用两个或多个串列的弹齿滚筒和凹板，滚筒上的弹齿将花生荚果梳脱，并伸入凹板槽缝以降低花生蔓茎的通过速度；清选装置与花生摘果机上的同类装置相似。有的机型还有一列旋转的锯齿圆盘式切梗刀，用以切除花生荚果上的果柄。

6. 薯类收获机　薯类收获机以拖拉机为动力，主要用于收获马铃薯、大蒜、红薯、胡萝卜、花生等地下根茎的农作物，具有收获效率高、破损率低、运转轻快无振动、不堵草、漏土快、结构简洁、使用寿命长等特点，可一次完成镇压、挖掘、输送分离、除秧和侧输出等作业。

7. 辣椒采摘机　辣椒采摘机能够把辣椒从植株上摘下，不损伤辣椒，且能同时切除辣椒柄，每天可采摘辣椒4.5亩，干、湿辣椒均可采摘，特别适用于大型农场和种植专业户。辣椒采摘机由机架、辊筒、凸齿和振动筛等部件构成，辣椒的枝叶经过破碎即可从振动筛筛下，而辣椒韧性较强，能够完好地从振动筛的下端被送出。辣椒杂质率大幅度降低，不需要进行人工挑选，降低了作业成本，而且采摘质量好，从而解决了人工采摘辣椒费时、费工、劳动强度大的生产难题。可以自用，也可以商用，当年购机，当年就可收回成本。

8. 丹参药材收获机　药材收获机是一体化收割中药材的机械，可以一次性完成收获，并将药材集中到储藏仓，然后再通过传送带输送到运输车上。丹参药材收获机收获时土垡回位较好，作业后不破坏耕层，并打破犁底层，能够起到疏松土壤，增强土壤的透水、透气性能，提高土壤的渗透速度和水分容量，有效吸收天然降水、减少水土流失的作用，达到保护性耕作的目的。

四、植保机械

植保机械的作用主要是：喷施液体肥对作物进行叶面追肥；喷施杀菌剂用于防治植物病害；喷施杀虫剂防治植物虫害；喷施落叶剂，以便于进行机械收获；喷施化学除草剂用于防除杂草；喷施生长调节剂，以促进果实生长或防止果实脱落；对病、虫、草害施以射线、光波、电磁波、超声波、火焰等物理能量，以达到控制或灭除病虫害的目的。

1. 手提式风送打药机 手提式风送打药机是一款小型轻便式高效喷雾施药机械，采用风送式喷雾技术，依靠风机产生的强大气流将雾滴吹送到植株的各个部位。风机的高速气流有助于雾滴穿透茂密的枝叶，助推叶片翻转，使药液喷洒到各个角落，可以提高药液的附着率，不会造成枝条和叶片的损伤。具有射程远、风量大、穿透性和靶标性好、作业无死角、省工、省时、省农药等特点，可实现精量喷雾。手提式风送打药机每小时可喷药30～50亩，每个大棚仅需5～10分钟；射程加弥漫可达50米以上；节省农药30%以上；同时可增加二氧化碳浓度，有利于作物生长。

2. 双动力履带自走式风送打药机 双动力履带自走式风送打药机采用履带式设计，具有良好爬坡和越障性能，履带宽度850毫米，可以轻松通过狭窄路段。行走系统、风送系统采用发电机，双动力设计方便田间用电。作业速度4千米/小时，静风射程25米，作业效率不低于每小时60亩，日作业不少于350亩。喷头可以280°旋转，能有效解决“灯下黑”的问题。风机可以实现300°旋转，适应多种需要，并有安全保护装置，避免遥控过程人眼观测盲区。适用于不同农艺和种植模式，尤其适用于茶树、稻田、小麦、玉米、果树、蔬菜等作物。

3. 植保无人机 植保无人机又名无人飞行器，顾名思义是用于农林植物保护作业的无人驾驶飞机，采用智能操控，通过地面遥控或GPS（全球定位系统）定位导航控制，来实现喷洒作业，可以喷洒药剂、种子等。植保无人机具有如下特点：一是操作简单。多旋翼农用植保机在田头地埂就能升起降落，从几米低空飞行可在视距范围内控制飞行喷洒效果，非常适用于各类复杂地形农田和不同种类高矮的农作物与树林，相邻农田种植不同农作物的情况下也可精准地喷洒。二是高效环保。植保无人机平均每分钟可喷洒2亩左右，每次装药可以喷洒10～15分钟，每次起降可喷洒10～20亩农田，是目前传统人工喷洒速度的40～60倍。另外，电动无人直升机喷洒技术采用喷雾喷洒方式，至少可以节约50%的农药使用量，节约90%的用水量，这将很大程度地降低用药成本，还可以有效解决农药残留及土壤、水源污染问题。三是喷洒均匀。利用植保无人机向下的强烈旋转气流，可以非常均匀地喷洒农药，还能将部分农药喷洒到茎叶背面和根部，达到目前人工和其他喷洒设备无法达到的喷洒效果，这是由于无人机下旋风力集中而有力，采用超细雾状喷洒，容易透过植物绒毛的表面形成一层农药膜，从而均匀而有效地杀灭病虫。四是灵活方便。植保无人机可在空中悬停、垂直起降，需要起降场地小，可在田间地头起降，起降灵活，无须专用起降机场，也不会留下辙印和损坏农作物，特别适合地面设备无法行走的水稻，以及小麦、玉米、林木等作物，同时，电动无人机整体尺寸小、重量轻、折旧率更低、单位作业人工成本不高、易保养。五是操作安全。植保无人机远距离遥控操作，喷洒作业人员避免了直接接触农药的伤害，提高了喷洒作业安全性。

4. 四轮打药机　四轮打药机适用于农作物、果园、园林绿化等病虫害防治，是一款操控灵活方便、作业效率高的植保机械。它能够快速杀灭蝗虫以及大面积农林病虫害，防治田网防护林、速生用材杨、经济林等高大树木的病虫害。主要特点是：功率大、耗油少、压力强、雾化匀、射程高而远；可同时多人作业，效率高、用药省、附着力强、防治成本低；操作简单、使用安全、维修方便。可进行雾化施药、直流清洗、水柱喷射，特别适合野外作业。

五、果园专用机械

1. 果园开沟机 主要是利用挖掘机进行开沟作业，多用于果园施肥。目前国内对于专用果园开沟施肥机的研究取得了很大的进展。果园开沟机主要有两种装置：一种是链条式开沟装置。随着拖拉机前行，通过主动链轮驱动T形开沟链条、T形齿切削土壤，从而进行开沟作业。另一种是链斗式开沟装置。在拖拉机动力驱动下，驱动链轮转动，链斗前端的刃部挖掘土壤并由链斗输送，在与驱动轮同轴的螺旋翼片快速旋转的作用下，土壤被传送到沟的一侧，能完成开沟、碎土、抛土、覆盖等多道工序，沟宽和深浅均可调，且抛土覆盖均匀，不需人工清沟。

2. 自走式多功能开沟施肥机 用于果园开沟施肥、田间管理、园区开沟排水作业，可节省大量人工。自走式多功能开沟施肥机可以开沟施肥、自动回填，也可单独开沟、单独回填、单独旋耕、单独除草。该机体积小，操作灵便，可原地转向。

3. 遥控履带式多功能果园管理机 适合在林地、果园、温室大棚，以及丘陵山地作业，可选装开沟机、回填机、打草机、施肥机、打药机、树枝粉碎机、托运平板等，完成旋耕、割草并粉碎、开沟、回填、开沟-覆盖一体化、打药、树枝粉碎、起垄和果园运输等任务。该机体积小、动力强，实现一机多用，满足不同需求。

4. 微耕机 微耕机是根据丘陵山区地块小、落差大、又无机耕道而设计的。它以小型汽油机为动力，具有重量轻、体积小、轻便灵活、易于操作等特点，可以在田间自由行驶，便于使用和存放，节省了人力，提高了生产效率。微耕机适用于山区、丘陵的旱地、水田、果园等。配上相应机具可进行旋耕、开沟、锄草、犁地、起垄、覆膜、耘锄、施肥、喷药、抽水等作业。

5. 果园割草机 割草机采用拖拉机侧后方悬挂的方式，更能接近果树根部附近，锄草更彻底。割草留茬高度可调，方便快捷易操作。割副宽，体积小，整体重量轻，中小拖拉机都可以带动。多组刀片水平高速旋转的特殊设计，碎草效果更好。

6. 手推式果园割草机 平原、丘陵等地区均适用，工作时不需弯腰驼背，男女老少都可操作。手推式果园割草机割草干净，修剪整齐，调节高低、左右、前后无须花力气，能在草坪、果园、庄园、花园、山地进行修剪、除草。如果换上相应的刀具，装上上下托板和安全防护罩，还可收割灌木、牧草、芦苇，以及用于茶园枝头的修剪和花圃草坪的修整。

7. 自走式果园喷药机 采用液压驱动、无级变速，驾驶操作极其简单，老年人及家庭妇女等各类人群都能够很容易上手操作。风送式喷雾，雾滴被强大的气流吹至树冠中，枝叶被气流翻动，极大地提高了雾滴的附着率。采用座驾式自动行走，可更好地降低劳动强度、提高作业效率、速度可调、适用范围广、喷雾速度快。

8. 自走式果园作业平台 自走式果园作业平台可在行走过程中进行果树修剪、整枝和果实采摘等作业，而且在果实采摘时省去人工搬运果箱等体力劳动。操控系统可控制机器的行走和转向、前后叉动作、平台升降以及左右扩展，操作灵活，转弯半径小，非常适合在果园使用。

9. 果园枝条粉碎机 果园枝条粉碎机从拖拉机后输出轴获取动力，通过齿轮变速箱和三角带传动，带动刀轴高速旋转，将果树、园林绿化树等的枝条直接粉碎，最大可切碎直径8厘米的树枝。悬挂架可以左右移动，能够实现树下作业，对田间铺放的树枝有良好的粉碎性能，是果树枝条直接粉碎还田的理想机具。

六、其他机械

1. 喷灌机 绞盘式喷灌机主要用于农田、菜园等喷灌。它采取智能化操作，方便快捷准确，无须跟踪管理，一人可同时管理3～4台喷灌机进行浇地作业；单机可有效控制200～300亩作业面积，喷洒幅宽40～70米，浇地最大距离320米，24小时内可根据需水量情况完成喷洒作业30～60亩，无须修建水渠和田埂，节省了耕地；可在规定范围内严格控制喷水量，节水省电，同时保证喷洒均匀一致。

2. 地膜覆盖机 地膜覆盖机可将塑料薄膜铺放并封压在畦面或地面上，是农作物地膜覆盖栽培的农业机械。地膜覆盖机有人力覆膜机和机械动力覆膜机两种，一般由开沟器、压膜轮、覆土器、框架等构成，用于粮、棉、油、菜、瓜果、烟、糖、药、麻、茶、林等40多种农作物上，地膜覆盖可使作物增产30%~50%，增值40%~60%，深受广大农民的欢迎。有些地膜覆盖机还安装了电动喷雾器装置，满足在覆膜的同时喷洒除草剂、杀虫剂、杀菌剂等农药。

3. 秸秆粉碎还田机 秸秆粉碎还田机是利用刀轴上刀片的旋转运动和机具前进的复合运动对秸秆进行粉碎，将农作物的秸秆切碎还田，以充分利用秸秆中所含有的大量有机质。它不仅可以改善土壤肥力，而且可减少劳动力，同时还可以避免焚烧秸秆造成的环境污染。秸秆粉碎还田机分为直刀型、弯刀型、锤爪型。直刀型切削刃部小，动力消耗小，工作效率高，刀片数量多，秸秆撞击次数多，切碎质量好，但其刀片维修费用高，主要用于秸秆不是特别粗大的平地。弯刀型粉碎效果不如直刀型，动力消耗大，但其捡拾功能比直刀强，在地表不平、沟凹较深的地块比较适用。锤爪型冲击能力强，在刀具较新时粉碎和捡拾效果好，其优点是锤爪数量少，维修费用低，锤击力大，产生的负压高，喂入性好，适用于沙石地。

4. 秸秆打捆机 秸秆打捆机是由拖拉机带动的行走式捆扎机，作业时主要是经过捡拾、切割、压实、捆扎等，将秸秆打成捆，在使用过程中捆的长度、大小可以根据运输和储存需要进行调整，实现了整株秸秆打捆过程自动化。秸秆打捆机适用于田间作业，特别是各种青储饲料的储存，是畜牧养殖业的必备机械设备之一。秸秆打捆机的主要特点：一是应用范围广，可对稻草、麦草、棉秆、玉米秆、油菜秆、花生藤、豆秆等秸秆、牧草捡拾打捆，能有效解决秸秆焚烧、养殖饲料等问题；二是配套功能多，

可直接捡拾打捆，也可先割后捡拾打捆，还可以先粉碎再打捆；三是占地体积小，重量轻，操作简单，工作效率高，1小时可收集5亩以上的秸秆，大约800千克作物秸秆；四是捡拾秸秆净，草捆不散、不凌乱，并且草捆结构紧凑，密度大，透气性好，一个草捆重量一般在20千克左右，方便运输。

5. 饲料颗粒机　饲料颗粒机属于饲料制粒设备，是以玉米、豆粕、秸秆、草、稻壳等为原料，通过粉碎原料后直接压制成颗粒的饲料加工机械，广泛用于大、中、小型水产养殖、饲料加工厂、畜牧养殖场、个体养殖户。饲料颗粒机的主要特点：一是结构简单，适应性广，占地面积小，噪声低；二是粉状饲料、草粉不需要或少量添加液体即可进行制粒，故颗粒饲料的含水率基本为制粒前物料的含水率，更利于储存；三是干料加工，生产的饲料颗粒硬度高、表面光滑、内部熟化，可提高营养的消化吸收；四是颗粒形成过程能使谷物、豆类中的胰酶抵制因子发生变性，减少对消化的不良影响，能杀灭各种寄生虫卵和其他病原微生物，减少畜禽寄生虫和消化系统疾病。

脑筋急转弯答案

1. 傻瓜　2. 最后一个小朋友把盆一起拿走了　3. 把“冰”字去掉两点，就成了“水”　4. 理发师　5. 老王是个理发师　6. “错”字　7. 自己　8. 用来包蛋清和蛋黄　9. 打哈欠　10. 做梦　11. 睡觉　12. 泥人　13. 小明是聋哑学生　14. 风车　15. 每个月都有28天　16. 不如床上舒服嘛　17. 碘酒　18. 考试得的零蛋　19. 倒着走　20. 在铁轨上　21. 时钟本来就不会走　22. 遗书　23. 冤家路窄　24. “东西”方向　25. 飞机在地上停着　26. 塑料花　27.CD　28. 盲人　29. 小明是老师　30. 铁锤当然不会破了　31. 瞌睡虫　32. 鞋底破了　33.8个子女（妹妹为老八）　34. 卡车司机当时没开车　35. 睁开眼睛　36. 写个“红”字有何难　37. 备用胎

38. 孔子的子在左边，孟子的子在上边　39. 初一到初三，三天学一课，算不错了　40. 一个，因为吃了一个后就不是空肚子了

第四部分
娱乐篇

§4.1 农业谜语

一、猜字谜语

1. 八十八。（打一字）
2. 八方支援前线。（打一字）
3. 八卦山之春。（打一字）
4. 心火一上便发愁。（打一字）
5. 白帆半挂依疏柳。（打一字）
6. 毕业之后。（打一字）
7. 表里如一。（打一字）
8. 不到黄昏梦未成。（打一字）
9. 水上码头。（打一字）
10. 厂前种点草，厂里要植林。（打一字）
11. 二点水。（打一字）
12. 鲜鱼吃多了。（打一字）
13. 地震前后变了样。（打一字）
14. 压缩机油。（打一字）
15. 一家有七口，种田种一亩，自己吃不够，还养一条狗。（打一字）
16. 一人在内。（打一字）
17. 要一半，扔一半。（打一字）
18. 七人头上长了草。（打一字）
19. 尽是缺点。（打一字）
20. 经济支援。（打一字）
21. 九九重阳。（打一字）
22. 九九话重阳。（打一字）
23. 军民亲如一家人。（打一字）
24. 连帽衣。（打一字）
25. 辽阔的土地。（打一字）
26. 柳暗花明。（打一字）
27. 片月残云雁阵疏。（打一字）
28. 大于号，小于号，全靠小心别去掉。（打一字）
29. 需要一半，留下一半。（打一字）
30. 草底下的姑娘生得俏。（打一字）

二、猜农作物谜语

1. 一物生得真奇怪，腰里长出胡子来，拔掉胡子剥开看，露出牙齿一排排。（打一农作物）
2. 幼儿不怕冰霜，长大露出锋芒，老来粉身碎骨，仍然洁白无双。（打一农作物）
3. 小时青，老来黄，金色屋里小姑藏。（打一农作物）
4. 春穿绿衣秋黄袍，头儿弯弯垂珠宝，从幼到老难离水，不洗澡来只泡脚。（打一农作物）

5. 把把绿伞土里插，条条紫藤地上爬，地上长叶不开花，地下结串大甜瓜。（打一农作物）

6. 身体足有丈二高，瘦长身节不长毛，下身穿条绿绸裤，头戴珍珠红绒帽。（打一农作物）

7. 有个矮将军，身上挂满刀，刀鞘外长毛，里面藏宝宝。（打一农作物）

8. 高高个儿一身青，金黄圆脸喜盈盈，天天对着太阳笑，结的果实数不清。（打一农作物）

9. 青枝绿叶颗颗桃，外面骨头里面毛，待到一天桃子老，里面骨头外面毛。（打一农作物）

10. 麻壳子，红里子，裹着白胖子。（打一农作物）

11. 不是葱，不是蒜，一层一层裹锦缎，说它是葱比葱粗，说它是蒜不分瓣。（打一农作物）

12. 红灯笼，绿灯笼，红绿灯笼不照明，小孩上前咬一口，辣得咧嘴叫出声。（打一农作物）

13. 青枝绿叶不是菜，有的烤来有的晒，腾云驾雾烧着吃，不能锅里煮熟卖。（打一农作物）

14. 生在山里，死在锅里，藏在瓶里，活在杯里。（打一农作物）

15. 皮儿薄，壳儿脆，四姐妹，隔墙睡，从小到大背靠背，裹着一层疙瘩被。（打一农作物）

16. 青青蛇儿满地爬，蛇儿遍身开白花，瓜儿长长茸毛生，老君装药要用它。（打一农作物）

17. 叶儿长长牙齿多，树儿杈杈结刺果，果皮青青果内黑，剥到心中雪样白。（打一农作物）

18. 两个小木盆，扣个皱脸人，木盆扣得紧，不砸不开门。（打一农作物）

19. 姐妹七八个，手扶栏杆坐，脱了白布衫，马上降灾祸。（打一农作物）

20. 青青藤儿满地爬，结出果子圆又大，绿皮红心黑娃娃，解渴消暑甜又沙。（打一农作物）

21. 众多兄弟弯腰躺，白肉穿着绿衣裳，生性懒惰不洗衣，直把绿衣穿发黄。（打一农作物）

22. 不是鱼鳔打个结，不是泥鳅泥里歇，不是蚕虫又吐丝，不是蜂窝多洞穴。（打一农作物）

23. 红梗绿叶开黄花，爬山过岭去安家。（打一农作物）

24. 齐腰一根苗，开花节节高，结籽小又密，榨油香味飘。（打一农作物）

25. 娘死三年才生我，我死三年娘还在，是木头又不能生火，是耳朵又不会听话。（打一农作物）

26. 年老年少不一心，还有麻绳系成亲，只等三年生贵子，有红有绿爱煞人。（打一农作物）

27. 棕色木盒扁又圆，四面无缝封得严，打开木盒看一看，里面有个黄蜡丸。（打一农作物）

28. 远看像土豆，近看毛茸茸，好吃不好玩，像个小猴头。（打一农作物）

29. 不结果来不开花，还未出土就发芽，等它长到八九寸，无人不夸味道佳。（打一农作物）

30. 一个绿林豪客，身体清清白白，若逢酒肉场中，亦要请伊搭搭。（打一农作物）

三、猜动物谜语

1. 大耳朵，噘嘴巴，吃起饭来吧嗒吧；细尾巴，胖嘟嘟，吃罢就睡呼噜噜。（打一动物）

2. 头上两根须，身穿花衣衫，飞进花朵里，传粉又吃蜜。（打一动物）

3. 叽叽喳喳爱唱歌，屋檐树上垒窝窝，偷吃五谷是缺点，好在见虫它也啄。（打一动物）

4. 能拉善跑快如飞，冲锋陷阵听指挥，若是主人迷了路，它能驮你把家回。（打一动物）

5. 吃进的是草，挤出的是宝，从来不耕地，功劳却不小。（打一动物）

6. 树上有个歌唱家，娶个媳妇是哑巴，生下孩子命运苦，地牢里面度生涯。（打一动物）

7. 弯弯曲曲一座山，小姐登在绣房间，无聊男子来捞我，小姐就把房门关。（打一动物）

8. 一只顺风舟，白篷红船头，两把红划桨，拨波随意游。（打一动物）

9. 摇摇摆摆去京津，四把腰刀插在身，台风大雨都不怕，只怕草索缚奴身。（打一动物）

10. 头戴双尖帽缨，身被黑色衣襟，说话老是哼哼，总算还能听清。（打一动物）

11. 四季穿皮袄，晚上站岗哨，

发现有情况，立即汪汪叫。（打一动物）

12. 身穿绸缎，头戴芙蓉，皇帝封为呼门将，后来作为时辰钟。（打一动物）

13. 兄弟三四千，商量去开店，做缸酒，糖样甜。（打一动物）

14. 空中一队兵，哼哼不住声，棍棒都不怕，就怕烟火熏。（打一动物）

15. 年纪不大，胡子一把，跪着吃奶，爱叫妈妈。（打一动物）

16. 绿袍子，红顶子，走起路来吹哨子。（打一动物）

17. 周身银甲耀眼明，体温生来冷冰冰，不喜天来不喜地，专在江河湖海行。（打一动物）

18. 小小坛，扁扁口，插得下牛头插不下手。（打一动物）

19. 小小姑娘穿黑衣，秋天去了春天回，房子造在屋檐下，带着剪刀天上飞。（打一动物）

20. 一个姑娘本事多，天天在家织网罗，织成网罗当中坐，专逮蚊蝇和飞蛾。（打一动物）

21. 头戴雉鸡毛，身披紫色袍，人家问它住在哪，它说住在石头桥。（打一动物）

22. 有一老太不简单，睁一眼来闭一眼，夜里什么都看见，小贼难逃五指山。（打一动物）

23. 嘴尖尾巴长，钻洞上房梁，白天不见面，晚上游四方。（打一动物）

24. 白肚绿背凸眼睛，有眼有鼻没耳朵，长年赤膊过光阴。（打一动物）

25. 肚子大，脑袋小，天生一对大镰刀，别看样子长得笨，捕捉害虫本领高。（打一动物）

26. 身体柔软细又长，头尾几乎一个样，日夜松土勤耕耘，自营化肥小工厂。（打一动物）

27. 宽嘴老婆婆，说话叨叨唠，爱洗冷水澡，走路摆又摇。（打一动物）

28. 满身疙瘩长得丑，蹲着像条看家狗，捕食害虫本领大，它是庄稼好朋友。（打一动物）

29. 小河水，轻轻流，黑衣娃娃排队游，细细尾，大大头，长大捉虫是能手。（打一动物）

30. 有位大夫医术高，尖嘴就是手术刀，剥开树皮把病瞧，叼出

害虫一条条。（打一动物）

四、猜农机或农具谜语

1. 小铁牛，两个头，一头喝水一头流，流进山坡梯田里，禾苗点头乐悠悠。（打一农机）

2. 小牛犊，真特殊，垛垛小麦吃进肚，农民见它眯眯笑，喜看满天落珍珠。（打一农机）

3. 电闸一合响隆隆，唱得天上飞彩虹，金珠滚来银珠蹦，粮食多得没处盛。（打一农机）

4. 身体圆圆像只桶，田间果园来劳动，喷云吐雾小嘴巴，害虫见它把命送。（打一农机）

5. 一物长得好奇怪，牙齿生在嘴巴外，村里经常把它喂，光吃草来不吃菜。（打一农具）

6. 长长一条街，沿着挂招牌，下雨没水吃，天旱水漫街。（打一农机）

7. 粗看像匹马，没头没尾巴，肚里一翻腾，嘴吐肚又拉。（打一农机）

8. 小时身体圆，大时身体扁，闲时身体直，忙时身体弯。（打一农具）

9. 铁头木腿长，嘴巴宽又宽，专门啃地皮，越啃嘴越亮。（打一农具）

10. 弯腰翘尾铁嘴巴，有头无脚顺地滑，老牛不动它不动，它一迈步泥开花。（打一农具）

11. 名字不积极，干活顶努力，田里来回跑，再累不休息。（打一农机）

12. 不用梭子不用纱，不在工厂在农家，社员用它织绿毯，织得田畦美如画。（打一农机）

13. 双手横握大铁铲，大声歌唱朝前赶，祖国建设打先锋，能填海来能移山。（打一农机）

14. 体态像只船，奇怪会耕田，犁耙耖都会，专门种湖田。（打一农机）

15. 两块饼，一样大，嘴里吃，腰里撒。（打一农具）

16. 口大朝着天，耳大双垂肩，没手又没脚，让人背上山。（打一农具）

17. 一只大狗，站着不走，吃了羊毛，会撒黑豆。（打一农机）

18. 虽然大晴天，有雨落田间，雨量随人愿，脖上有开关。（打一

农机）

19. 山上一根柴，砍到家里来，虽说不吃肉，却在肉里埋。（打一农具）

20. 铁梳子，重又粗，不梳头，专梳土。（打一农具）

21. 有个硬汉劲头大，铁头铁壁高骨架，手挥钢臂砸地球，硬把银龙往外拉。（打一农机）

22. 嘴巴生得大又奇，不吃粮食爱吃泥，一口能吞几车土，一天啃出一条渠。（打一农机）

23. 圆口在上方，大脸在下方，长着千只眼，一副怪模样。（打一农具）

24. 身穿钢弹衣，牙齿肚里藏，吃饭沙沙响，粪便猪马尝。（打一农机）

25. 没头没尾没眼睛，浑身牙齿数不清，连枝带叶吃下去，吐的颗粒是黄金。（打一农机）

26. 河边有头小水牛，喝起水来不抬头，这边喝，那边流，不怕旱涝保丰收。（打一农机）

27. 生在山崖，落在人家，凉水一浇，千刀万剐。（打一农机）

28. 大口朝天，小口朝地，吞进黄金，吐出白玉。（打一农具）

29. 小时身体圆，大时身体扁，闲时身体直，忙时身体弯。（打一农具）

30. 一根小木棒，安个弯月亮，秋天收庄稼，请它来帮忙。（打一农具）

五、猜农业用语谜语

1. 锄禾日当午。（打一农业用语）

2. 倒班。（打一农业用语）

3. 春回大地。（打一农业用语）

4. 烽火连三月。（打一农业用语）

5. 老相识。（打一农业用语）

6. 渐渐发胖。（打一农业用语）

7. 生态平衡。（打一农业用语）

8. 犁耙入库，牛马休闲。（打一农业用语）

9. 生产讲节约。（打一农业用语）

10. 大干一季度。（打一农业用语）

11. 横空出世。（打一农业用语）

12. 电台报时。（打一农业用语）

13. 只生一个。（打一农业用语）

14. 花的变化。(打一农业用语)

15. 混血儿。(打一农业用语)

16. 田家少闲月。(打一农业用语)

17. 迎婚媳妇。(打一农业用语)

18. 月是故乡明。(打一农业用语)

19. 桃李满天下。(打一农业用语)

20. 香港回归。(打一农业用语)

21. 揠苗助长。(打一农业用语)

22. 只待纷纷白絮飞。(打一农业用语)

23. 实在喜欢。(打一农业用语)

24. 十一。(打一农业用语)

25. 打肿脸充胖子。(打一农业用语)

26. 云鬓斜簪。(打一农业用语)

27. 结扎输精管。(打一农业用语)

28. 老天不下雨,禾苗已半枯,燕子跟云飞,满天洒甘露。(打一农业用语)

29. 银燕盘旋在低空,不搞运输灭害虫,田间喷雾洒农药,农业丰收建奇功。(打一农业用语)

30. 样子像楼梯,直通天和地,四季变颜色,黄绿相交替。(打一农业用语)

(谜底在本历书中找)

§4.2 农业成语与歇后语

一、农业成语

1. 五谷丰登。登:成熟。指年成好,粮食丰收。

2. 穰穰满家。穰穰:丰盛。形容获得丰收,粮食满仓。

3. 精耕细作。指农业上认真细致地耕作。

4. 背本趋末。古代常以农业为本,手工、商贾为末。指背离主要部分,追求细微末节。

5. 比年不登。比:屡屡;频频。农业连年歉收。亦作“比岁不登”。

6. 春耕秋实。春天播种,秋天收获果实。

7. 不稼不穑。稼:播种;穑:收获谷物。泛指不参加农业生产劳动。

8. 崇本抑末。注重根本,轻视

枝末。古代“本”多指农业，“末”多指工商业。

9. 春生夏长，秋收冬藏。春天萌生，夏天滋长，秋天收获，冬天储藏。指农业生产的一般过程。亦比喻事物的发生、发展过程。

10. 服田力穑。服：从事；穑：收获谷物。指努力从事农业生产。

11. 耕耘树艺。耘：锄草；树：栽植；艺：播种。耕田、锄草、植树、播种。泛指各种农业生产劳动。

12. 卖刀买犊。刀：武器；犊：牛犊。指卖掉武器，从事农业生产。

13. 春意盎然。春意：春天的气象；盎然：丰满浓厚的样子。形容春天的气氛很浓。

14. 末作之民。末作：中国古代以农业为本业，工商各业为末业。指从事农业以外的经营者。

15. 强本节用。本：我国古代以农为本。加强农业生产，节约费用。

16. 去末归本。去：弃；末：非根本的，古时称工商等业为末业；本：根本的，古称农业为本业。使人民离弃工商业，从事农业，以发展农业生产。

17. 使民以时。时：农时。执政者要按照农时使用民力。指在农闲时使用民力，避免影响农业生产。

18. 春雨如油。春雨贵如油。形容春雨可贵。

19. 岁丰年稔。稔：庄稼成熟。指农业丰收。亦作“岁稔年丰”。

20. 务本力穑。本：指农业；穑：收获谷物，这里泛指农业劳动。指努力从事农业劳动。

21. 务本抑末。从事农业生产，抑制工商业。

22. 拽耙扶犁。从事农业活动，以种田为业。

23. 风调雨顺。调：调和；顺：和谐。风雨及时适宜。形容风雨适合农时。

24. 谷贱伤农。谷：粮食。指粮价过低，使农民的利益受到损害。

25. 麦秀两歧。一株麦子长出两个穗子。为丰收之兆，多用来称颂吏治成绩卓著。

26. 民安物阜。阜：多。人民平安，物产丰富。形容社会安定，经济繁荣的景象。

27. 时和岁丰。四时和顺，五谷丰收。用以称颂太平盛世。同“时和年丰”。

28. 祥风时雨。形容风调雨顺。多比喻恩德。

29. 瑞雪兆丰年。瑞：吉利的。适时的冬雪对小麦生产有利，预示着来年是丰收之年。

30. 千仓万箱。形容因年成好，储存的粮食非常多。

二、农业歇后语

1. 石敢当搬家——挖墙脚(角)。

2. 禾草里头藏龙身——农家出英才。

3. 扛着镢头上土地庙——糟蹋神像。

4. 农村的老黄牛——苦了一辈子。

5. 弄堂里搬木头——直来直去。

6. 屠夫说猪，农夫说谷——三句话不离本行。

7. 空棺材出殡——目（木）中无人。

8. 哑巴长工碰上娘——有苦难诉；有苦说不出。

9. 一镢头挖出金条——运气好。

10. 猴子吃大蒜——翻白眼。

11. 刚开垦的农田——生地。

12. 工人做工，农民种地——历来如此。

13. 小葱拌豆腐——一清二白。

14. 大炮打兔子——得不偿失。

15. 将军当农民——解甲归田。

16. 卖牛的开店——弃农经商。

17. 农夫救蛇，反被其害——好心不得好报。

18. 农贸市场上的烂冬瓜——随行就市。

19. 芭蕉开花——一条心。

20. 农作物——土生土长。

21. 蛇咬农夫——恩将仇报。

22. 神农氏尝百草——什么毒都见过。

23. 秋后的蚂蚱——蹦跶不了几天。

24. 萝卜青菜——各有所爱。

25. 冬天储藏的大葱——心不死。

26. 王婆卖瓜——自卖自夸。

27. 石头上栽葱——白费工；活不成。

28. 三九天种小麦——不是时候。

29. 山芋地里种豆角子——纠缠不清。

30. 蚯蚓爬在南瓜叶子上——不是吃菜的虫。

§4.3　农业对联

1. 乡村振兴；全面小康。
2. 一畦春韭绿；十里稻花香。
3. 日月开新纪；田园入画图。
4. 祖国春光好；农村气象新。
5. 荒岭成林海；沙滩变绿洲。
6. 江山千古秀；花木四时春。
7. 田园常有乐；鱼鸟亦相亲。
8. 日丽山河秀；风和草木荣。
9. 发家勤为本；致富俭当家。
10. 土能生百福；地可纳千祥。
11. 喜百行兴旺；庆五谷丰登。
12. 国强民幸福；家和万事兴。
13. 倡导文明新风；共建美好家园。
14. 春种满田碧玉；秋收遍野黄金。
15. 中华崛起迎盛世；巨龙腾飞送党恩。
16. 人欢马叫丰收岁；狮舞龙腾改革春。
17. 晴窗透日桑榆影；晚露湿秋黍禾香。
18. 缫成白雪桑重绿；割尽黄云稻正青。
19. 一年生计勤商酌；无限春光任剪裁。
20. 春动生机龙起蛰；物宜时令鸟催耕。
21. 五谷丰登农家乐；四季增收岁月甜。
22. 多种经营多献宝；广开门路广来财。
23. 茧花结出丰收果；汗水汇成幸福泉。
24. 地开美景春光好；人庆丰收喜气多。
25. 国泰民安知礼乐；年丰物阜庆康宁。
26. 马壮人强康乐日；仓流囤满裕丰年。
27. 东风化雨山山翠；政策归心处处春。
28. 向阳花木早逢春；勤俭人家先致富。
29. 脱贫致富小康日；足食丰衣大有年。
30. 汗洒田园五谷秀；锄描大地

万家春。

31. 田园自有农家乐；鱼鸟相关事业亲。

32. 碧浪千层春雨足；清风十里稻花香。

33. 五风十雨三收岁；万紫千红锦绣年。

34. 地旺人勤山献宝；春浓日暖国增辉。

35. 迎三春描山绣口；建四化富国兴邦。

36. 党引农家成富户；春将大地换新装。

37. 科技花开香处处；技术成果乐家家。

38. 文化进村百姓乐；农家致富万民欢。

39. 水笑山欢百业兴旺；地灵人杰五谷丰登。

40. 鸟语花香人勤春早；风和日丽民乐年丰。

41. 花果飘香桑麻挺秀；牛羊肥壮稻菽丰盈。

42. 耕雨锄云迎来幸福；栽花种树装点春光。

43. 千里松涛无山不绿；万顷麦浪有地皆黄。

44. 山清水秀阳春有脚；年丰人寿幸福无边。

45. 绿染千畴挥锄夺宝；春临大地洒汗成金。

46. 实施乡村振兴战略；促进现代农业发展。

47. 绿水青山掩映生态小院；红楼碧舍构筑幸福人家。

48. 五千年中华民族以勤劳为本；十三亿华夏儿女与懒惰无缘。

49. 凭科学发展三农有靠；仗社会和谐四季常兴。

50. 新时代新战略乡村振兴民心振；讲环境讲旅游政策引导百姓富。

51. 日丽风和山河添秀色；地灵人杰田野沐春风。

52. 闹春耕十分汗水十分获；抢农时一寸光阴一寸金。

53. 政策落实人人笑逐颜开；分配兑现个个心情舒畅。

54. 铁臂银锄装点河山似锦；和风丽日沐浴大地皆春。

55. 东西南北中处处传捷报；农林牧副渔行行宣佳音。

56. 银燕穿云巧绘三春美景；金鸡报晓喜获五谷丰登。

57. 松柏拂春风山河弃旧貌；杨

柳迎丽日田园着新装。

58. 银渠织蛛网穿越山山岭岭；稻谷耸金山堆成叠叠层层。

59. 天道酬勤得意春风千野绿；人心向善舒心德政万畴丰。

60. 海倒山移春野无边翻稻浪；渠成水到乡村遍地荡银波。

61. 阳雀声中春风染绿岸上柳；责任田里热汗浇开稻菽花。

62. 鱼跃鸢飞滚滚春潮催四化；月圆花好融融喜气遍九州。

63. 精耕细作夺取丰收干劲大；奋发有为振兴中华贡献多。

64. 喜村寨五谷丰登粮山棉海；看城乡一派兴旺车水马龙。

65. 柳绿桃红看大好河山皆成锦绣；春华秋实望无边田野尽是黄金。

66. 春雨秋风看大好河山都成锦绣；粮山棉海览无边景物尽占芳菲。

67. 奋三春致富千家万户壮志永为民造福；战四化振兴百业千行宏图长与国争光。

68. 建设新农村缩小城乡区域差别民心在望；迈开大步伐提高群众生活水平福运可图。

69. 发展金融帮困扶贫情暖三农开富路；繁荣经济排忧解难心连百姓建新村。

70. 青山绿水百花艳；鸟语香风四季春。

农业对联横批

振兴中华　乡村振兴　天道酬勤
春华秋实　粮山棉海　车水马龙
奋发有为　奋发图强　花好月圆
大好河山　家庭和偕　富裕人家
春风得意　精耕细作　夺取丰收
滚滚春潮　五谷丰登　河山似锦
洒汗成金　花果飘香　锦绣河山
地灵人杰　装点河山　得意春风
人心向善　科学发展　社会和谐
鸟语花香　风和日丽　民乐年丰
山清水秀　富国兴邦　人勤地旺
万紫千红　仓流囤满　马壮人强
勤俭人家　脱贫致富　喜气盈门
丰衣足食　多种经营　人欢马叫
春种秋收　气象更新　春光明媚
国泰民安　文明新风　牛羊肥壮
稻菽丰盈　勤劳致富　福满人间
山河壮丽　为国争光　造福人民
百业兴旺　九州皆春　宏图大展
岁月如歌　百业兴旺　勤俭持家
六畜兴旺　普天同庆　四海皆春
九州同乐　日新月异　人杰地灵
喜气临门　万象更新　风调雨顺

物华天宝　春意盎然　莺歌燕舞

§4.4　脑筋急转弯

1. 冬瓜、黄瓜、西瓜、南瓜都能吃，什么瓜不能吃?

2. 盆里有6个馒头，6个小朋友每人分到1个，但盆里还留着1个，为什么?

3. 你能以最快速度把冰变成水吗?

4. 冬天，宝宝怕冷，到了屋里也不肯脱帽。可是他见到一个人就乖乖地脱下了帽，那人是谁?

5. 老王一天要刮四五十次脸，脸上却仍有胡子。这是什么原因?

6. 有一个字，人人见了都会念错。这是什么字?

7. 小华在家里，和谁长得最像?

8. 鸡蛋壳有什么用处?

9. 不必花力气打的东西是什么?

10. 你能做，我能做，大家都能做；一个人能做，两个人不能一起做。这是做什么?

11. 什么事每人每天都必须认真地做？

12. 什么人始终不敢洗澡？

13. 小明从不念书却得了模范生，为什么？

14. 什么车子寸步难行？

15. 哪一个月有28天？

16. 你知道上课睡觉有什么不好吗？

17. 什么酒不能喝？

18. 什么蛋打不烂，煮不熟，更不能吃？

19. 一个人在沙滩上行走，回头为什么看不见自己的脚印？

20. 火车由北京到上海需要6小时，行驶3小时后，火车该在什么地方？

21. 时钟什么时候不会走？

22. 书店里买不到什么书？

23. 什么路最窄？

24. 什么东西不能吃?

25. 一个人从飞机上掉下来，为什么没摔死呢?

26. 一年四季都盛开的花是什么花？

27. 什么英文字母最多人喜欢听？

28. 什么人生病从来不看医生？

29. 小明知道试卷的答案，为什么还频频看同学的？

30. 用铁锤锤鸡蛋为什么锤不破?

31. 拳击冠军很容易被谁击倒?

32. 什么事天不知地知，你不知我知?

33. 李伯伯一共有 7 个儿子，这 7 个儿子又各有一个妹妹，那么，李伯伯一共有几个子女?

34. 一位卡车司机撞倒一个骑摩托车的人，卡车司机受重伤，摩托车骑士却没事，为什么?

35. 早晨醒来，每个人都要做的第一件事是什么?

36. 你能用蓝笔写出红字吗？

37. 汽车在右转弯时，哪只轮胎不转？

38. 孔子与孟子有什么区别？

39. 为什么小王从初一到初三就学了一篇课文?

40. 一个人空肚子最多能吃几个鸡蛋?

（答案在本历书中找）

§4.5 农业谚语

农业谚语是与农业相关的民间话语，它是农民在长期生产和生活实践中所得经验的概括。

一、气候谚语

1. 三月雨，贵似油；四月雨，好动锄。

2. 雨水日下雨，预兆成丰收。

3. 七九八九雨水节，种田老汉不能歇。

4. 春旱盖仓房，秋旱断种粮。

5. 立秋下雨万物收，处暑下雨万物丢。

6. 麦怕清明连夜雨。

7. 六月下连阴，遍地出黄金。

8. 伏里无雨，谷里无米；伏里雨多，谷里米多。

9. 春雨贵如油，点滴无白流。

10. 有钱难买五月旱，六月连阴吃饱饭。

11. 水荒一条线，旱荒一大片。

12. 春旱不算旱，秋旱减一半。

13. 春雨漫了垄，麦子豌豆丢了种。

14. 麦子洗洗脸，一垄添一碗。

15. 雨洒清明节，麦子豌豆满地结。

16. 处暑里的雨，谷仓里的米。

17. 清明要晴，谷雨要淋。谷雨无雨，后来哭雨。

18. 春旱谷满仓，夏旱断种粮。

19. 雨淋春牛头，七七四十九天愁。

20. 水淋春牛头，农夫百日忧。

21. 春天三场雨，秋后不缺米。

22. 夏至无雨，囤里无米。

23. 雨落四月八，果实只开花来不结荚。

24. 黑夜下雨白天晴，打的粮食没处盛。

25. 六月盖被，有谷无米。

26. 冷收麦，热收秋。

27. 人在屋里热得跳，稻在田里哈哈笑。

28. 五月不热，稻谷不结。

29. 人怕老来穷，稻怕寒露风。

30. 青蛙开口早，早禾一定好。

31. 小雪雪满天，来年定丰年。

32. 腊雪是宝，春雪是草。

33. 春雪流成河，人人都吃白面馍。

34. 大雪下成堆，小麦装满屋。

35. 冬雪一条被，春雪一把刀。

36. 晚霜伤棉苗，早霜伤棉桃。

37. 风刮一大片，雹打一条线。

38. 寒潮过后多晴天，夜里无云地尽霜。

39. 大雪飞满天，来岁是丰年。

40. 麦盖三层被，枕着馒头睡。

41. 腊月大雪半尺厚，麦子还嫌“被”不够。

42. 荞麦见霜，粒粒脱光。

43. 桑叶逢晚霜，愁煞养蚕郎。

44. 麦苗盖上雪花被，来年枕着馍馍睡。

45. 霜打片，雹打线。

46. 棉怕八月连天阴，稻怕寒露一朝霜。

47. 一场冬雪一场财，一场春雪一场灾。

48. 冻断麦根，挑断麻绳。

49. 小雪勿见叶，小满勿见荚。

50. 小雪不起菜（白菜），就要受冻害。

二、物候谚语

1. 秧摆风，种花生。

2. 七里花香，回家撒秧。

3. 柿芽发，种棉花。

4. 梨花香，早下秧。

5. 桐花落地，谷种下泥。

6. 桃花开，杏花败，李子开花卖薹菜。

7. 麦熟樱桃熟。

8. 桐树开花，正种芝麻。

9. 桃花落地，豆子落泥。

10. 菊花黄，种麦忙。

11. 柳絮落，栽山药。

12. 柳芽开嘴，山药入土。

13. 杨树叶拍巴掌,遍地种高粱。

14. 鸡在高处鸣，雨止天要晴。

15. 椿树盘儿大，就把秧来下。

16. 椿芽鼓，种秫秫。椿芽发，种棉花。

17. 枇杷开花吃柿子，柿子开花吃枇杷。

18. 柳毛开花，种豆点瓜。

19. 蜘蛛张了网，必定大太阳。

20. 高粱熟，收稻谷。

21. 枣芽发，种棉花。枣芽发，芝麻瓜。

22. 柳絮乱攘攘，家家下稻秧。

23. 桐树花落地，花生种不及。

24. 桐叶马蹄大，稻种下泥无牵挂。

25. 杨叶拍巴掌，老头压瓜秧。

26. 麦子上场，核桃半瓤。

27. 小燕来，抽蒜薹；大雁来，拔棉柴。

28. 知了叫，割早稻。知了喊，种豆晚。

29. 布谷布谷，赶快种谷。

30. 青蛙呱呱叫，正好种早稻。

三、耕作谚语

1. 多犁多耙，旱涝不怕。

2. 边收边耕，野草不生。

3. 光犁不耙，枉把力下。

4. 秋耕深,春耕浅,旱涝都保险。

5. 犁得深，耙得细，一亩地当两亩地。犁得深，耙得烂，一年收成当年半。

6. 深耕一寸，多打一囤。

7. 田不勤耕，五谷不生。

8. 深耕锄草，穗大粒饱。

9. 早中耕，地发暖；多中耕，地不板；深中耕，抗涝旱。

10. 耕地深、透、早，肥地、灭

虫又灭草。

11. 耕地不带耙，误了来年夏。

12. 秋耕深一寸，顶上一茬粪。

13. 犁地要深，耙地要平。

14. 锄头有“火”又有“水”。

15. 春锄泥、夏锄皮，五月六月偷锄地。

16. 歇地如歇马。

17. 处暑不带耙，误了来年夏。

18. 春耕如翻饼，秋耕如掘井。

19. 耕好耙好，光长庄稼不长草。

20. 好钢要炼，好苗要锄。

21. 干垫地，湿挖地，不干不湿快犁地。

22. 干锄谷苗湿锄豆，毛毛小雨锄小豆。

23. 大暑小暑，遍地开锄。

24. 豆子一条根，只要犁得深。

25. 旱天多耙，出苗没差。

26. 锄头底下减旱情，锄头口上出黄金。

27. 寒露到立冬，翻地冻死虫。

28. 豆子就怕急雨拍，抓紧锄地莫怠歇。

29. 大豆锄瓣，豇豆锄蔓。

30. 大豆锄芽，荞麦锄花。

四、施肥谚语

1. 庄稼一枝花，全靠肥当家。

2. 麦子胎里富，粪少靠不住。

3. 千担粪下地，万担粮归仓。

4. 春施千担肥，秋收万担粮。

5. 苞谷不上粪，只收一根棍。

6. 粪沤好，庄稼饱。

7. 冬粪肥田，春粪肥秧。

8. 上粪不浇水，庄稼噘着嘴。

9. 粪不臭不壮，庄稼不黑不旺。

10. 上粪一大片，不如秧根蘸一蘸。

11. 小麦年前施一盏，顶过年后施一担。

12. 鸡粪肥效高，不发烧死苗。

13. 上粪不要多，只要浇上棵。

14. 粪生上，没希望；粪熟上，粮满仓。

15. 上粪上在劲头，锄地锄到地头。

16. 牛粪凉，马粪热，羊粪啥地都不劣。

17. 饼肥麦子羊粪谷，大粪高粱长得粗。

18. 土壤要变好，底肥要上饱。

19. 年外不如年里，年里不如掩

底。

20. 春肥满筐，秋谷满仓。

21. 春天粪堆密，秋后粮铺地。

22. 羊粪当年富，猪粪年年强。

23. 分层上粪，粮食满囤。

24. 谷子粪大赛黄金，高粱粪大赛珍珠。

25. 宁施一窝，不撒一箩。

26. 冬闲多积肥，来年粮成堆。

27. 沤青肥，无他巧，一层土，一层草。

28. 驴粪谷子羊粪麦，大粪揽玉米，炕土上山药。

五、选种谚语

1. 三年不选种，增产要落空。

2. 耕地勤换种，粮仓关不拢。

3. 什么样的葫芦什么样的瓢，什么样的种子什么样的苗。

4. 选种要巧，穗大粒饱。

5. 高粱选尖尖，玉米要中间。

6. 麦收短秆，谷收长穗。

7. 片选不如穗选好，穗选种子质量高。

8. 丢两头，种中间，玉米棒子没空尖。

9. 好种出好苗，好花结好桃。

10. 种子隔年留，播种时节不用愁。

11. 好花结好果，好种长好稻。

12. 一粒杂谷不算少，再过三年挑不了。

13. 选种没有巧，棵大穗圆籽粒饱。

14. 种子年年选，产量节节高。

15. 良种种三年，不选就要变。

16. 场选不如地选，地选还要粒选。

17. 要想来年长好棉，今年白露田边选。

18. 盐水选了种，收获多几桶。

19. 引种不试验，空地一大片。

20. 好种长好稻，坏种长稗草。

21. 好种出好苗，好葫芦做好瓢。

22. 选棒子，腰插枪。

23. 谷三千，麦六十，好豌豆，八个籽。

24. 好谷不见穗，好麦不见叶。

25. 谷子黄，选种藏。

26. 稻种换一换，稻谷多一担。

27. 种子粒粒圆，禾苗根根壮。

28. 娶亲看娘，禾好靠秧。

29. 麦打短秆，豆打长秸。

30. 种怕水上漂，禾怕折断腰。

六、播种谚语

1. 白露早，寒露迟，秋分种麦正当时。

2. 春分早，谷雨迟，清明种棉正当时。

3. 芒种芒种，连收带种。

4. 立秋栽葱，白露种蒜。

5. 过了芒种不植棉，过了夏至不栽秧。

6. 夏种无早，越早越好。

7. 立夏前，好种棉，立夏后，好种豆。

8. 芒种芒种，样样要种，一样不种，秋后落空。

9. 小满栽秧一两家，芒种插秧满天下。

10. 宁栽霜打头，不栽立夏后（红薯）。

11. 小暑早，立秋迟，大暑培垄最合时（花生）。

12. 高地芝麻洼地豆，沙岗坡上种绿豆。

13. 早播宜稀，晚播宜密。

14. 稀三棵、稠五棵，打得粮食一般多。

15. 头伏萝卜，二伏芥，三伏里头种白菜。

16. 处暑高粱、白露谷，霜降到了拔萝卜。

17. 提耧豆子按耧麦。

18. 清明前后，种瓜点豆。

19. 清明高粱谷雨花，小满芝麻芒种黍。

20. 处暑种高山，白露种平川，秋分种门外，寒露种河湾。

21. 小麦种迟没有头，油菜种迟没有油。

22. 麦种深，谷种浅，荞麦芝麻盖半脸。

23. 豆麦轮流种，十年九不空。

24. 谷怕重茬，瓜怕顶茬。

25. 种地选好种，一垄顶两垄。

26. 田等稻秧，稻谷满仓；稻秧等田，没米过年。

27. 三月八，去种瓜。

28. 一年棉花一年稻，老老小小眉开眼笑。

29. 瓜茬连瓜种，只有藤来不结瓜。

30. 稻麦牧草轮流种，九成变成十成收。

七、管理与收获谚语

1. 井水不如河水，河水不如雨水。

2. 春灌春灌，一亩多打一石。

3. 春灌接冬灌，粮棉翻一番。

4. 灌水有三看：看天，看地，看庄稼。

5. 玉米不旱浇，浇后不发苗。

6. 小麦浇芽，油菜浇花。

7. 早浇萝卜晚浇菜。

8. 麦收前后浇棉花，促棵健长把架搭。

9. 棉花灌在麦收时，十年就有九适宜。

10. 肥多不浇烧坏苗，粪大水勤长得好。

11. 头水浅，二水满，三水四水往上赶。

12. 麦浇早，谷浇老。

13. 除虫如除草，一定要趁早。

14. 棉花不治虫，有苗没有铃。

15. 防治玉米螟，一代虫等药，二代药等虫。

16. 麦在地里不要笑，收到囤里才牢靠。

17. 麦熟一晌，虎口夺粮。

18. 九成熟，十成收；十成熟，一成丢。

19. 麦子争青打满仓，谷子争青少打粮。

20. 棉花不打杈，光长柴火架。

21. 苹果树，要夏剪，疏枝、扭梢、枝盘圈。

22. 夏季修剪桃摘心，三次摘心增千斤。

23. 番茄能结五六层，打去顶尖莫心痛。

24. 寒露早，立冬迟，霜降收薯正当时。

25. 白露谷，寒露豆，花生收在秋分后。

26. 萝卜长过冬，培土不漏风。

27. 三分种来七分管，十分收成才保险。

28. 间苗要间早，定苗要定小。

29. 棉花锄七遍，桃子赛蒜瓣。

30. 种田不拔草，到老啃野草。